哈洛新知
Hello Knowledge

知识就是力量

大数据时代

生存法则

[新西兰]尼古拉斯·阿加/著
蔡薇薇/译

華中科技大學出版社
http://www.hustp.com
中国·武汉

湖北省版权局著作权合同登记　图字：17-2021-137 号

图书在版编目（CIP）数据

大数据时代生存法则 /（新西兰）尼古拉斯·阿加（Nicholas Agar）著；蔡薇薇译 . —武汉：华中科技大学出版社，2021.10
ISBN 978-7-5680-7242-7

Ⅰ. ①大… Ⅱ. ①尼… ②蔡… Ⅲ. ①数据处理 Ⅳ. ① TP274

中国版本图书馆 CIP 数据核字（2021）第 130248 号

大数据时代生存法则
Dashuju Shidai Shengcun Faze

［新西兰］尼古拉斯·阿加　著
蔡薇薇　译

策划编辑：杨玉斌　曾　菡
责任编辑：张瑞芳　　装帧设计：陈　露
责任校对：曾　婷　　责任监印：朱　玢

出版发行：华中科技大学出版社（中国·武汉）　电话：（027）81321913
武汉市东湖新技术开发区华工科技园　邮编：430223

录　　排：华中科技大学惠友文印中心
印　　刷：湖北金港彩印有限公司
开　　本：880 mm × 1230 mm　1/32
印　　张：10.75
字　　数：223 千字
版　　次：2021 年 10 月第 1 版第 1 次印刷
定　　价：58.00 元

致谢

在撰写本书的过程中,我收到了许多人的宝贵建议与热忱支持。同事、学生与朋友们或为我阅读手稿,或深刻品评本书核心主题。在此,我要诚挚感谢丹尼尔·阿加(Daniel Agar)、简·阿加(Jan Agar)、菲恩·阿什沃思(Fin Ashworth)、巴勃罗·巴兰克罗(Pablo Barranquero)、比利·贝里(Billie Berry)、斯图尔特·布罗克(Stuart Brock)、露西·坎贝尔(Lucy Campbell)、菲尔·库克(Phil Cook)、乔内特·克莱塞尔(Jonette Crysell)、戴维·德怀尔(David Dwyer)、安东尼·霍尔(Anthony Hall)、戴维·劳伦斯(David Lawrence)、西蒙·凯勒(Simon Keller)、汤姆·马隆(Tom Malone)、埃德温·马雷斯(Edwin Mares)、塞伊·马斯林(Cei Maslen)、约翰尼·麦克唐纳(Johnny McDonald)、乔纳森·彭杰利(Jonathan Pengelly)、桑德拉·帕克(Sandra Park)、王一燕(Yiyan Wang,音译)和珍妮弗·温莎(Jennifer Windsor)。

出版社招募的匿名读者们也为本书贡献了诸多评论，使内容更上一层楼。我希望他们能够看到，正是他们的建议令本书的中心论点更具有说服力了。

衷心感谢菲尔·劳克林(Phil Laughlin)为本书出版所付出的努力；感谢为我纠正书中许多拗口语句的马西·罗斯(Marcy Ross)与布里奇特·莱希(Bridget Leahy)。

同时，我要向爱罗街咖啡馆的员工布鲁克林·德利(Brooklyn Deli)一家与布雷索林(Bresolin)一家致以别样的谢意。正是你们，在我撰写本书时为我端来了咖啡，并在我出现咖啡因精神疾患初期征兆之时果断中止了咖啡供应。

最后，我要感谢我优秀的妻子劳里安(Laurianne)与我两个出色的孩子阿列克谢(Alexei)和拉斐尔(Rafael)，希望阿列克谢和拉斐尔能够生活在真正意义上的社交时代，纵享时代赋予的丰硕成果。

目录

引言

展望数字革命

数字革命正在改变人类的生活。在此，我对数字革命的定义是数字技术大规模且快速地取代机械与模拟电子技术的变革。这些暴风骤雨般的波动与变革都源于数字计算机，但数字革命的影响却远远超过了这种传统的桌面文字处理器。数字革命正在彻底改变我们分享信息、旅游出行、治疗疾病和聚会狂欢的模式。计算机实力的大幅提升意味着我们当下正在经历的变革和转型仅仅是一个开端。

在本书的描绘中，一次次的技术革命绝不仅是人类历史上的趣闻轶事。它们是历史的马达。文艺复兴时期的法学家、政治家兼科学倡导者弗朗西斯·培根(Francis Bacon)就曾有一句关于技术进步对人类事务的重大意义的铿锵有力的表述。对于他所处时代的几种重要技术革新——印刷、火药和磁石——带来的影响，他写道，“没有哪个帝国、教派、星辰对于人类事务的

推动力和影响力能够超越这些机械发明”。如今,数字革命也影响着人类事务,并且似乎开始显现出更为强大的影响力。令人眼花缭乱的小工具和应用程序只是其中比较明显的写照。

对于如何看待数字革命,我们的视角可以各有不同,这是因为数字革命是一个多层次的复杂大事件,涉及诸多个体、群体及技术门类。数字革命的起源很难精确界定。我们只知道,它的起步标志是艾伦·图灵(Alan Turing)的理论计算机建构观点,以及20世纪中叶贝尔实验室(Bell Labs)和施乐帕克研究中心(Xerox PARC)中络绎不绝的天才科学家对图灵理论的打磨修整。甚或这场革命早在19世纪就发轫于英国数学家查尔斯·巴比奇(Charles Babbage)和埃达·洛夫莱斯(Ada Lovelace)的尝试。巴比奇是第一位试图(以失败而告终)打造我们今日称之为“计算机”的人,而洛夫莱斯则可谓是电脑编程技术的创始人。早在不起眼的起步期,形形色色的变化就已经发生了。

本书将放眼数字革命的未来,去畅想数字革命究竟会将人类带往何方，而不过分纠结当下红极一时的数字技术的细节。从长远来看，不论是苹果电脑、社交网络平台推特(Twitter)，还是 Oculus Rift 虚拟现实头戴式显示器，都不过是数字技术高歌猛进的汹涌浪潮中浑然一体的几朵浪花而已。人们对技术变革的广泛意义的强化感知可以弥补展望中细节的不足，使人们得以综观技术变革的宏观洗礼以及它对人类事务的影响。关于集成电路如何处理信息的任何客观事实都不足以反映它们对人类体验，以及承载它们的社会组织形式所产生的深远影响。放眼望去，数字革命只是人类发展的历史序列中最新的一场盛事，这组序列起源于为人类带来农业、永久性居所和社会等级制度的新石器革命，飞跃于成就了机械化、规模化生产和全球化的工业革命。极目远眺，我们寄望于洞悉数字革命真正的历久弥新之处。当我们对这些新奇的数字产品的一波波强势冲击习以为常，或是从中缓过神来的时候，数字革命对人类究竟会产生什么样的影响呢？

放眼潮流全景，也就意味着数字革命不会触及我们当下更为迫切的"近忧"。假设你听到有人叫喊"救命，有人袭击我！"此时，如果你回应说"别担心！这个地区的犯罪率已经下降了80%。"这大概是于事无补的。关于犯罪率变化趋势的信息并不能帮助正在被抢劫的人走出困境。同样地，亮出长期的失业率走势对于那些因自动化的发展而刚刚失业的人群来说是毫无益处的。但透过宏观视野却能看到那些关注短期效应的描述中所缺失的东西。它将我们的目光从一棵棵孤立的数字"树木"上移开，从而让我们能更好地看到整片数字“森林”，就好比眯起眼睛便能将更清晰的真相尽收眼底一样。

在从太空拍摄的地球照片上，我们能更加清晰地看到人类活动的某些景象——北美洲和欧洲的各大城市夜间灯光闪耀，而朝鲜的夜空漆黑一片，这种对比显得古怪异常。然而，在这个尺度上，我们是无法看到人类个体的。在技术变革的蓝图中，情况也是如此。我们看不到独立的个体。有关工业革命的史书中也许会谈及，在1862年的英国矿难事故中，矿工因矿井泵故障被困于井下，最终有204名矿工丧生。或许我们会对他们的悲惨遭遇和他们家人的伤恸深表同情，但对于身处21世纪，对技术变革饶有兴趣的人而言，他们对这场矿难的关注重点在于由它所推动的各类深远改革。这导致政府立法要求煤矿设置至少两条独立的逃生通道。我们立足于21世纪20年代回首往事，无论英国的那次矿难是否发生过，那些矿工都已成逝者，湮没于历史的尘埃了。

人类能动性的危局

如果我们着意于了解数字革命究竟有什么前所未有或贯穿始终的特质，那么我们的目光便不能局限于技术变革的可预见结果，我们也不能陷于愕然与亢奋之中。我们需要迅速彻底地从一些科技冲击中缓过神来。1898年，哈罗兹(Harrods)百货商场安装了首批自动手扶电梯，为了让乘坐电梯的顾客镇定心神，商店为他们备好了白兰地和嗅盐。而今天,一些扶梯乘坐者在电梯落地后或许还会品上一杯白兰地,但绝不是为了安抚因搭乘扶梯到百货商场上层而受惊的内心。我的核心关注点在于科技给人力带来的冲击。我认为,数字革命威胁到了人类作为施动者,或是自身命运主宰者的地位。我们之所以能在关乎自身和世界的问题上做出重大抉择,很大程度上是因为我们能够分门别类地展开理性分析。

科技给人力带来的挑战有两种不同的考量方式。第一种观点认为人类能动性面临着一场小挑战。此时,人类能动性的经济价值是我们探讨的关键。如果非要跟能更出色地处理与某种工作相关的一切事务且费用更低廉的机器竞争,人类还能保住手中的饭碗吗?对技术性失业的恐惧让人们描绘出了一种未来:各种各样的工作都将不复存在。一项相关统计预测,到2035年,约90%的服务员(不论男女)都将由机器取代。随数字革命大潮席卷而来的技术性失业是与社会地位无关的。同一时期的审计会计师、注册会计师所面临的失业率更高,可能会高达95%。十几年也许很长,许多人可以安然待到退休,但当关系到是否要劝说子女继承家族衣钵时,他们就该三思而后行了。那些似乎能在数字革命浪潮中屹立不倒的黄金职业,也并不能在这次危机中全身而退。也许,人类在抽象艺术创作或脱口秀表演领域能永远立于不败之地,但许多人类工作都将被数字机器所取代似乎是迫在眉睫的。

多数对人类能动性的挑战源于人工智能的发展,说得更确切一些，就是机器学习，这个领域旨在制造无须人类程序员输入明确指令就能进行学习的机器。我们可以在种种预兆中看到一个未来，在这个未来中，人类能动性的价值江河日下：自动驾驶技术强势崛起；无人驾驶汽车不久就能穿梭于各大公路，其安全性与高效性都完胜人工驾驶汽车；依托电脑进行数据形态分析以判断某人是否患有黑色素瘤，哪怕瘤体小到连最专业、最敏锐的人类医务工作者都无法识别。工业革命给人类能动性造成的困扰多半源于体力劳动的自动化，例如，一位技艺不太娴熟的操作者运用动力织布机就能完成众多熟练织工用手工织布机完成的工作。而数字革命就是在不断实现脑力劳动的自动化。也许我们可以断定替代人类脑力工作者的计算机是没有思维能力的。但即便如此，它们也在"不假思索"地做着人类的脑力工作，而未来的数字机器不但能完成这些工作，还能做到更质优价廉。

脑力劳动并不是一个"要么有，要么无"的绝对范畴概念。所有的人类工作多多少少都需要脑力的参与。就算是一位只负责码砖的工人，如果他听不懂该把砖头放到哪里的指令，也是完全无法工作的。但不同工种脑力含量的高低确实存在差别。相对于会计、调查性新闻行业，码砖的脑力劳动参与度就较低，而数字革命给脑力含量高，尤其是需要接受积年累月的教育且薪资回报率高的工作带来了不小的冲击。

或许，有些事情永远是人类能做而机器做不了的。人类能一边工作，一边吹口哨，计算机虽素以能同时运行多线任务而闻名，却可能始终无法完成边吹口哨边工作这个双线任务。处于

数字时代的人类工作者真正面临的危机在于我们关注的是吹口哨所蕴含的经济价值。在我们谈论的人类的未来蓝图中，老板们选择的是放弃吹口哨，以保证工作得以更低耗、更高效地完成。

第二种观点认为，人类能动性身陷大危机。此时，我们聚焦的是人类对集体命运走向的把握能力。肇始于工业革命的文明，与随新石器革命诞生的文明一样，都是由人类左右大局的。技术变革重新调整了人类能动性的发展方向，却仍将其视为必要存在，而人工智能的兴盛似乎将令人类能动性日暮途穷。在我们眼前的未来，人类将社会和自身生活的决定权日渐让渡给明显有更优越决策能力的数字技术似乎已是大势所趋。在选择如何去往一个陌生的地点时，我们所行使的决定权也只限于将地点名称口述给无人驾驶汽车的导航系统。或许数字时代的这些“自动决策者”将会为我们解决各种困扰，这恰好顺应了当下闹得轰轰烈烈、互不相让的各种社会思潮。那么,今后我们会遵循拥有全球气候系统完整数据的机器的指令来应对气候变化问题吗?

在仔细斟酌苹果公司的创始人之一史蒂夫·沃兹尼亚克(Steve Wozniak)的一些观点后,天体物理学家史蒂芬·霍金(Stephen Hawking)和哲学家尼克·博斯特罗姆(Nick Bostrom)共同表达了一种隐忧:随着人工智能的发展,系列电影《终结者》中的剧情可能会在现实生活中上演。我们也许会制造出能够自我完善的人工智能机器人,这样的机器人很快就能进化得比全人类加起来还要神通广大。机器人又或许会认为,这个世界没有了人类将变得更加美好。但对于这些宛如近在咫尺的超级人工智能机器人,沃兹尼亚克的态度要乐观得多。在2015年的一次演讲中,他谈到了这些在未来或将存在的人工智能机器人:"它们可能会比人类更聪明,但如果它们比人类更聪明,它们就会意识到,它们需要我们。"在沃兹尼亚克对未来的展望中,人类并不会在人工智能引发的核战争中被焚为灰烬。恰恰相反,我们会成为这些超级人工智能机器人捧在手心、百般呵护的宠物。"我们想要成为家庭宠物,时时被照顾得无微不至。"有望在数字革命中应运而生的超级人工智能机器人恰好能满足我们这一需求。沃兹尼亚克回忆起给自己的狗喂过的"菲力牛排与鸡肉"时,显然已完全沉浸在未来的人工智能机器人会为他精心准备食物的喜悦之中。

沃兹尼亚克对于人类与超级人工智能机器人之间未来关系

的畅想比《终结者》中的画面要积极乐观多了。对于数字时代的人类而言，扮演享用菲力牛排的宠物狗要比被视作弊大于利的生物而被下令注射致死剂量的戊巴比妥强太多了。尽管如此，在那些希望未来的人类仍旧能够凌驾于机器人之上并主宰自身命运的人眼中，沃兹尼亚克和霍金的观点却别无二致。2012 年的一项统计估计，全球狗的数量为 5.25 亿只。这个数量庞大的群体做出的无数选择对全球文明的进程没有产生任何影响。从表面上看，似乎当好养尊处优的贵宾犬比在人工智能引发的核战争中灰飞烟灭要强，但这两种设想实则都昭示着人类失去了对集体命运的把控权这一事实。在处于高度压力下时，你也许会盯着你养的那只宠物看，看到它悠然自得地打着盹儿，便不禁迸出"我要是条狗就好了！"的想法。但在更意气风发的时刻，我们会为捍卫自身命运的主宰权而战，不论是单枪匹马还是同仇敌忾。

虽然这些说人类气数已尽的前瞻之言看起来就像科幻小说中的桥段一样，但随着数字技术的发展，这一切似乎都在意料之中。放眼技术革命的远景能将我们的目光从当下实力尚有限的"数字决策者"身上转移开，这样的远景着眼于数字决策者将如何变化。它警示我们要去规避那个效益价值至上但失去了人性的未来，一个让我们惊觉没有了别的"人"我们竟然能做得更好的未来。事实上，那是一条通往灭亡的道路，我们会不思进取，日渐将自己的地位拱手让给技高一筹的机器人。

我们应当消除对计算机的偏见，摒弃人类例外论

如果我们想从容应对计算机向人类能动性发起的挑战，那么我们就必须摆正位置，客观地评估自身在未来将面临的危机。人类认为，万事万物将按照当前的轨道一直沿袭下去，这是天性使然。我们容易被直接呈现在感官面前的证据所迷惑。专家声称人类文明将面临气候变化所带来的威胁，可我们坐落在沙滩上的房屋分明还没被淹没，超市的货架上也还满满当当地摆放着新鲜蔬菜。据说气候在不断变暖，可今天早上却无疑是异常凉爽的。即便是那些理性地接受气候变化会带来威胁的人也没能给予这个问题足够的重视。当一切似乎都还岁月静好时，我们很难接受未来将变得糟糕至极的推测。

这种即时偏见让我们低估了机器给人类能动性带来的危机。许多当下的人工智能产品显得十分愚蠢，它们根本就无法对我们的工作构成任何威胁。可当我们放眼全局时，便能将未来的人类与未来的机器放在一起一较高下。人类会进步是因为我们灵活的大脑能让我们学到新的技艺。但是机器的改进速度一日千里。现有的机器的局限性不该让我们一叶障目，看不到它们的“下一代”可能拥有的实力。对于今后或许将取代我们的机器，我们的处境大概类似于 20 世纪 90 年代初的国际象棋大师。我们一方面要保留在现有某些机器面前所秉持的骄傲态度，一方面又要展现对这些机器实力爆棚的“后代”该有的谦和。

我们在努力实现常见的人工任务自动化时，会对机器导致的事故尤为警觉。虽然人工驾驶员也远远不够完美，但我们对他们所酿成的灾祸已习以为常。然而，自动驾驶车辆程序如果出现了疏失，这转眼就会成为世界头条新闻。相反，除非严重到让王妃香消玉殒，否则人工驾驶员的种种致命失误都无法引发全球关注。从逻辑上来说，所有的数字技术都无法实现零误差。但我们不应当将"至臻完美"设为衡量数字技术的标准。百分之百的安全性只能是空想，但实现安全系数远大于人工驾驶员的标准却不仅是有希望的，而且还指日可待。或许打造计算机"深蓝"(Deep Blue)的程序员中有人幻想要造出一台能完美地下国际象棋的机器，在机器首度落子之前，它就能细致描绘出其人类对手将如何一步步落败，以让它的对手在双方未对战时就甘拜下风。这种遐想或许不太可能实现，但正如深蓝电脑和它的"后继者"所展现的那样，让机器达到把国际象棋下得比人类棋手强的标准已经成为现实。机器无法击败上帝这位人类假想中的完美棋手，但它们可以战胜任何一个人类个体。

目前我们对未来计算机的实力所怀有的偏见还夹杂着对人类自我能力的过高认知。我把这种偏见称为"人类例外论信仰"(belief in human exceptionalism)。当我们将今天的人类与现有的计算机放在一起进行理性比较时就会发现，有些事情我们能轻而易举地完成，可计算机却无能为力。信仰人类例外论的人承认，计算机在许多领域已经超越了人类，在其他方面也步步紧逼。但他们坚信人类拥有的核心能力是计算机永远都望尘莫及的。这些能力足以让我们在超级计算机无处不在的年代里仍然能保住自己的岗位。

信仰人类例外论让我们给人类最引以为傲的心智能力赋予了带有些许神秘色彩的称谓。智能机器人服从于运算法则，但人类拥有天赋，靠直觉寻求答案，靠智慧展现风采。将"天赋""直觉""智慧"等字眼作为数字产品的品牌名称或许还算合乎情理，但我们绝不能接受任何认为计算机的确拥有这些品质的说法。按照这个逻辑来说就是，一台计算机也许可以执行每秒10亿次的运算，但它绝不可能拥有智慧。流行文化也在为这种人类例外论信仰推波助澜。系列电影《星际迷航》中的柯克舰长技高一筹，提出执行所谓的"卡博米特策略"，其实那不过是他脑子里瞎想出来的东西，但这个所谓的策略却一下子就把看似高高在上的外星智慧生物迷惑住了。柯克舰长告诉入侵者，"进取号"飞船上携带着"卡博米特"，一种可以摧毁一切攻击者的神秘物质。外星人那逻辑受限的大脑似乎无法看穿这个把戏。

人类例外论信仰旨在设置屏障，防止机器复制或模仿任何人类通过科学想象创造的杰出成果。德国化学家奥古斯特·克库勒(August Kekule)费尽心思地想要弄清苯分子的结构。他知道这种分子是由六个氢原子和六个碳原子组成的，也知道每个氢原子要与另外一个其他原子结合，且每个碳原子需要三个原子小伙伴。起初，他一筹莫展，但后来，他在一个白天打了个盹儿，梦到一条蛇咬住了自己的尾巴，正是这个梦让他迸发出了灵感，发现苯环的原子是呈环状封闭式排列的。机器或许能算出氢原子和碳原子所有可能的排列组合，但它们可不会白日做梦。

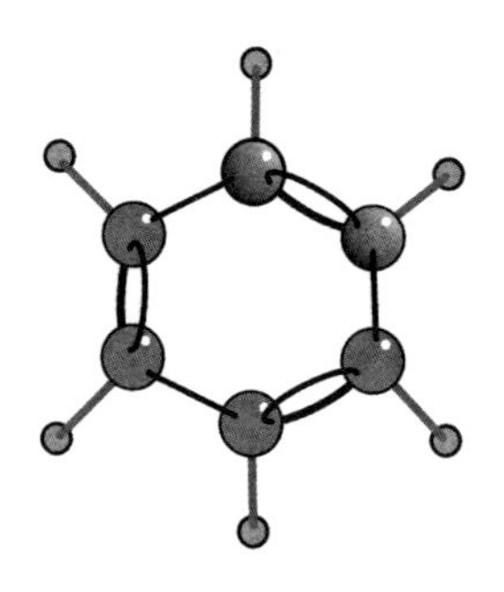

这种对人类特殊性的认识让我们相信自己会在数字时代继续独占鳌头。这种优越感有点儿类似于生活在哥白尼时代之前的天文学家所拥有的自信：无论人类对世界有任何新发现，地球都稳居宇宙的中心地位。我认为现在这种机器不如人类的偏见与哥白尼时代之前的地心说一样站不住脚。数字时代的人类劳动者再怎么神神叨叨地说可以通过实施“卡博米特策略”来提高生产力，也终将一无所获。

本书的主题涉及对于未来进步的预测，这些预测给人类例外论蒙上了一层阴影。我们人类最引以为傲的一些成就中就包括在某些复杂的现象中发现模式规律。阿尔伯特·爱因斯坦(Albert Einstein)参透了宇宙的模式，与他同一时代的其他人却对宇宙的模式一无所知。一些信仰人类例外论的人会轻描淡写地说，迄今为止，还没有机器能提出相对论呢。但是，模式识别是智能学习机器的一大强项。智能学习机器就是专为在庞大的数据组中寻找模式规律而打造的。即便是它们在与罹患自身免疫疾病患者相关的基因和生活方式的海量数据中发现了一种极其冷僻的模式规律,我们或许也不屑于给它们冠上“天才”的称谓。但这并不能阻止智能学习机器发现规律,并且未来的评说者或许也不得不承认“行天才事者就是天才”。

如今,我们寄望于训练有素者增进我们对于疾病的了解,但并没有哪一条法则规定,应对最令人类闻之色变的疾病的疗法一定要在人类推理能力的掌控之内。我们正在步入这样的时代:关于诊疗癌症的大多数脑力工作都由机器完成。这对于疾病的诊疗而言是天大的好事。我们或许能找到穷尽任何人类精英的逻辑力与想象力都无法企及的治疗方法。但是,对于我们所认定的“人类的思维与想象力是疾病治疗的关键”这一观点而言,这同样是件天大的坏事。我们将只能被动地接受智能诊疗机器人得出的结论,我们不能靠理性去推理为什么要这么做,只能条件反射般地听从指令、吞下药丸。

迈向社会-数字经济的未来

我撰写本书的目的在于描述我们应该怎么做才能让人类的能动性在数字时代得以延续。我们该怎么做才能不从自己书写的故事中消失呢?我可不敢声称我拥有水晶球,可以让我预知数字时代的未来,但我能够预测的是,数字革命将会彻底重塑“工作”这一概念,重新设定人类能动性的发展方向。这一点我们基本上无力改变，但我们可以影响它重塑“工作”，以及其重设人类能动性的方式。本书呈现了对于未来社会形态的构想，在未来，人类成员已经摒弃了宇宙无关论(cosmic irrelevance)。我们选择保留人类的参与和贡献并不意味着要舍弃数字革命所创造的技术奇迹，而是要认真思考究竟要将哪些人类行为领域让渡给机器。

脱胎于数字革命的社会应当是围绕着所谓的社会-数字经济而构建的。这些经济形式主要由两种核心价值观截然不同的经济活动构成。数字经济的主要价值观是效率为先，以产出为焦点，只有当手段与产出直接挂钩时才会将手段纳入考量。某个流程比另一个流程效率高，可以是因为产量更高，或是成本更低，又或是所需要的原材料更少。社会经济的主要价值观是人性为先，这是人类出于对像我们一样拥有意识的生物的偏好。我们更愿意跟能与我们情感共通的生物打交道，我们享受来自“心灵俱乐部”的志同道合者的陪伴。“心灵俱乐部”这个说法源于心理学家丹尼尔·韦格纳(Daniel Wegner)和库尔特·格雷(Kurt Gray)。他们将这个词定义为“一群特殊的能够思考与感受的实体”。当我们听说某条章鱼居然有意识时，我们就会对它产生浓厚的兴趣。我们不禁会遐想，章鱼的脑子里到底在想些什么，它的感受又是如何的。平板电脑令人沉迷的地方有很多，但它们无法在这方面打动我们。我们对“心灵俱乐部”中隶属于人类分会的成员，那些与我们心意相通的生命倍加关注。

这种对于“心灵俱乐部”中志同道合者的偏好是在个体层面

上发挥作用的——它引导着我们选择爱人和朋友。同样,这种偏好在工作领域也在发挥作用。我们如果认真思索一下,就会发现我们同样希望咖啡店的服务员、医院的护士也能与我们心有灵犀。当低效的人力误入重视计算机技能的经济领域时,我们要义正词严地将其剔除,但当数字技术越界来到明确的人类活动范畴时,我们也要有勇气对它们说不。我们应当审慎地看待这种提法:人工智能的进步很快就能让人类社会中充斥各色的拥有人类情感与思维的机器。人类与机器之间的契约应当是,人类做好以情感为核心的工作,而机器承担数据密集型的与情感毫无瓜葛的任务。

社会-数字经济是一种根据人类史前文明的种种形态塑造的人类未来观,其旨在还原采集社会的某些生活风貌。高效的数字技术的发展将不再需要人类继续从事与其他“人”打交道的工作,人类将可以自由地在高度繁荣的社会经济中择业从业。

这种高度繁荣的社会经济能够治好我们当下突出的一大弊病——社会隔离(social isolation)。现在,许多富有的人都是缘于他们对于自身社会属性的否定而发迹的。美国芝加哥大学的心理学家约翰·卡乔波(John Cacioppo)和威廉·帕特里克(William Patrick)将此称为“内在固有的群居属性”。他们解释道,如果给某个智人(Homo Sapiens)圈定一块封闭的地,那么“他将无法独立地在该地生活,就像一只帝企鹅无法独立生活在炙热的沙漠中一样”。卡乔波和帕特里克说道,“作为具有内在固有的群居属性的物种,我们人类不仅需要抽象意义上的归属感，还需要真真切切地聚在一起的真实感受”。这种“内在固有的群居属性”是进化的产物。在新石器革命之前，狩猎采集是人类普遍的行为，这是一种社会现实。采集者们彼此相互依赖。他们的居所通常是临时的，没有将其家庭成员与外界隔开的永久屏障。此外，他们共享食物。与群体隔离可算是当时最恐怖的事情了——被群体驱逐基本上就意味着死亡。

我们携带着这种采集者的社会群体性在我们的情感与心理上留下的星星点点的痕迹，走进了高科技时代，但是，许多与这种属性相伴而来的需求却没有得到满足。卡乔波和帕特里克说道：“西方社会已经将人类的社会群体性从‘不可或缺’降级为‘可有可无’。”他们指出，我们可以从心理健康方面的统计数据中看到这种降级带来的影响。如今，人与人之间的疏离造就了痛苦，缩短了人类的寿命，社会排斥感会以愤怒或暴力的形式宣泄出来。

科技的进步更是为社会群体性的降级火上浇油。原始采集者相对低下的科技水平意味着，他们能否生存取决于自身与群体之间的关系如何。美国社会学家罗伯特·帕特南（Robert Putnam）在他那本反映美国人逐渐从政治、社会活动中抽身的重磅著作《独自打保龄球》（*Bowling Alone*）一书中写道：“粗略数据显示，通勤时间每增加 10 分钟，人们对群体事务的参与度就会下降 10%——出席公共会议的人减少了，设立的委员会变少了，愿意签署请愿书、参加教会礼、参与志愿活动等事务的人也越来越少了。”通勤是汽车的产物，而汽车正是第二次工业革命的核心发明之一。拥有了汽车的劳动者无须挤住在工作地点附近的狭小空间中。他们可以选择到各郊区居住,从郊区出发去上班。在郊区应运而生之时,人们还不清楚他们之后在上下班高峰期需要在行进缓慢的交通工具中挤多久,并且是一路孤单前行。

我们为某些由数字革命引入的技术所起的名称在暗示着我们的社会群体性或许能得到部分恢复。"社交网络技术"这个名字中包含了"社交"二字,这并不是无心之举。脸书(Facebook)的功能在于联系与分享,而增加联系是互联网存在的根本宗旨之一。但是,数字革命造就的五花八门的联系方式赋予我们的并不是原始采集者所拥有的面对面、赤裸裸的社交互动。以技术为媒介实现的联系并不是那么直接。这种联系过滤掉了原始采集者在社交上的诸多标志性特征。微笑的表情符号表达不出赞同某个提议时露齿一笑的深意。我们也无法在某人脸上露出犹疑与关切的神色时,把手搭到他的肩上。尽管脸书上的朋友和推特上的粉丝会与日俱增,但这也无法为我们带来采集伙伴所能创造的价值。当原始采集者遇到难处时,他们必须与伙伴进行面对面沟通。他们在阐述一项计划时,会通过察言观色来确定他们在取得口头承诺后获得实质性帮助的可能性究竟有多大。想要争取额外的帮助,你所要做的不仅仅是写封邮件,问问"我应该给玛莉卡(Malika)抄送一份吗?"原始采集者可不会容忍网络上猖獗的匿名霸凌与偷窥行为。

我们现在扮演的角色就好比动物园里的动物,仿佛置身于一潭死水般的周遭环境中,我们常常会感到抑郁消沉。动物在进化过程中形成了行为模式,其中最重要的一项就是找寻它们可以吃的食物,同时避开会吃掉它们的天敌。动物园给动物提供了充足的热量,用坚固的牢笼将它们与自然界中的所有天敌分隔开。此外,动物管理员还极其重视各类动物的繁殖计划。然而,老虎百无聊赖地踱着步子,成年雄性虎鲸耷拉着背鳍,它们在传递一个明确的信息——尽管享受着上述诸多好处,动物却都存在心理问题。随着技术手段日渐介入人类的联系中,且人类的沟通方式也日渐数字化,我们似乎也陷入了与动物相似的窘境中。

当然,我们不能过分夸大这种“回顾往昔”的人类未来观内在的含义。生活在新石器时代前期的原始采集者的生活中也有许多不如意的地方,比如,数次狩猎失败,连续几天的采集活动都收获不丰,采到的食物只够勉强果腹等,这些对他们来说都是家常便饭。要是说我们应该抛开智能手机、汽车和洗碗机,而奋力将自己再次塞进曾经由成千上万新石器时代前期的狩猎采集者占据的生态位，那未免是无稽之谈。首先，这在数学上就说不通。截至 2018 年初，全球总人口约为 76 亿。我们当中有哪些人愿意去纵情“享受”新石器时代前期的采集生活的美妙与恐怖呢？我们应当为科技进步带来的馈赠而感激涕零，感谢这些进步让我们和原始采集者的生活大相径庭。但是，我们不能让这份感激之情蒙蔽了我们的双眼，从而否认早先的采集生活中尤为珍贵的特质，那是一种我们力求还原的特质，而数字革命就给了我们这样一个前所未有的契机。

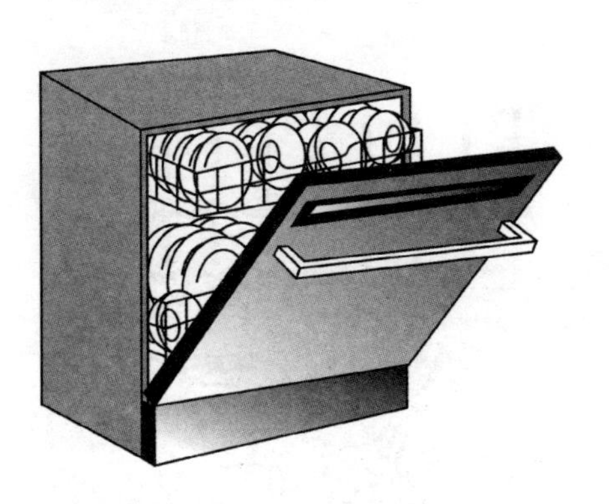

我们并不是要手握原始采集者使用的长矛，居住在临时居所勉强度日。经济形式中的“数字”分支重视强大的数字科技带来的高效性。我们应当期待人类劳动者从社会-数字经济中的“数字”阵线中逐渐抽身。我们不要指望在这些阵线中，人的效率能与机器的效率相提并论。人类飞行员将无法与未来的自动飞行系统竞争；机器完成的微创手术，其精度要远高于任何一位人类医生。但是，我们可以随心所欲地在极度繁荣的社会经济中找到属于自己的一席之地，社会经济再现了我们人类祖先的采集社会的一些生活风貌。在我们失而复得的社会群体性背景的映衬下，效率惊人的数字技术将会生生不息地发展下去。

随着人类劳动者从以效率为准绳的工作战线上逐渐隐退，我们应当自由地去尝试各种各样能够满足人类社交需求的新型工作。在当今科技发达的社会中，"社会型工作者"(social worker)就是指能够化解社会隔离和人情冷漠所带来的极端危害的一个工种。在以社会-数字经济为核心的数字时代，人类的社交需求是多样而复杂的，所以社会工作的种类应当是高度多样化的。然而，最令人遗憾的是，那些直接与人打交道的工作在当前效率为先的呼声中，竟然是我们在实现机器自动化的道路上首先要改造的目标。负责自动收款和客户服务的人工智能机器人正在慢慢取代与他人直接打交道的人工服务者。而我撰写本书的意图就是说明对于那些需要进行直接人际沟通的工作而言，机器永远都是下下之选。因为在这些工作上，我们重视的是人与人之间心灵的交互和联系，尽管这些联系可能是转瞬即逝的。我们在意为社会经济提供服务的人心里在想些什么。效率只是这些互动活动中的一个因素，而不应当成为我们考虑的唯一因素。比如，你下单点了一杯拿铁，除了不希望服务员忘了你的订单之外，还看重服务员端来咖啡的时候你们之间的互动交流。当追求越来越高的效率成为巨大的推手，让我们不断摒弃人类劳动者的时候，我们就与理应不断追求的数字化未来渐行渐远了。如果我们向往一个真正的社会-数字经济时代，那么，我们就应该一直保留这些人类劳动者的角色并不断提升这些角色的能力。我们理当朝着这样的未来迈进——在未来,机器将承担大量的重物搬运、高阶计算的工作,而人类则从事满足他人诸多社交需求的工作。

这种社交方式真的行得通吗？有些人认为我们应当顺应数字时代的进步潮流,为全球所有人口提供一份基本收入。马丁·福特(Martin Ford)表示人类在数字时代最重要的一项职能就是购物。我们将机器创造的利润进行分配,用其中一部分钱来维持机器生产的物资需求。但是,我对这种提法持怀疑态度。这种想法忽视了“工作即常态”理念所带来的最为珍贵的一大好处:我们的孩子们应当在他们成长的过程中憧憬着将来要加入劳动者的队伍。人类的社会群体性或许是与生俱来的,但若听凭我们自行其是,这种群体性观念就会变得狭隘。我们会努力寻找我们认识的人,或者在某些重要方面与我们相似的人。我们会惧怕陌生人。然而,工作需要我们与陌生人相处,与陌生人合作达成共同的目标。工作是21世纪初的多元化、多种族社会得以繁荣的一个重要原因。如果失去了工作带来的社会凝聚力,我们就不得不去寻求其他方式来防止社会分崩离析,进而形成由种族、宗教和其他显著的社会特性来界定的子群体。

社会经济将带来各类新型工作的想法或许有些异想天开。试想在不久的将来,我们对劳动者说,“坏消息是你不能再当超市收银员了,但好消息是日渐崛起的社会经济将给你创造更多回报率更高的工作”,这话听起来似乎完全不切实际。社会-数字经济并不是一种预言，而是一种理想，是我们想象中的人类社会在数字时代可能呈现的面貌。当马丁·路德·金（Martin Luther King）庄重地发表《我有一个梦想》（*I Have a Dream*）的演讲时，我们不应该回应说，“耶，你说得对，继续做梦吧。”我们应当摒弃有关数字时代的人类社会形态的显得过于自负的期望，并以一种自信又审慎的态度走向数字时代。社会-数字经济是一种令人神往的理想，值得我们为之奋斗，但我们所面临的各种因素可能会让社会-数字经济终成泡影。我们或许会自暴自弃，深陷于许多反乌托邦的未来图景中不能自拔，幻想着到了未来，身处数字时代的大多数人都漫无目的、穷困潦倒。在一些未来幻想中，由数字机器创造出的财富全都落到了为数不多的机器拥有者的口袋里。我们反思一下现在这个时代日益加剧的两极分化现象就会发现，实现这种未来形态完全不费吹灰之力。反之，我们也可以奋力去创造一个不一样的数字时代，到那时，出神入化的数字技术俯拾皆是，而我们仍旧享受着丰富的社交生活。通往社会-数字经济的道路不是一片坦途，这要我们做出艰难的抉择。我们要凝聚集体意志，摒弃数字技术呈现在我们面前的一些看似充满了诱惑力的事物。无论是在气候变化问题上还是在数字革命对人类能动性的威胁问题上，成功的回报和失败的损失对我们来说都有很大的影响，因此我们需要做出最大的努力。我们一定要竭尽所能地去打造以社会-数字经济为核心的未来社会。

哲学方法漫谈

我是一名哲学家,因而我选择将与数字时代的人类能动性相关的问题作为哲学问题来思考。但是,我对于哲学问题的态度与其他哲学书籍中体现的并不一样。

我认为哲学最大的功能就是“整合”。想要了解数字革命对人类能动性造成的威胁,我们需要运用诸多不同的信息源。在本书中,我就采纳了在数字技术和大规模技术变革方面的专家、社会心理学家、经济学家、进化生物学家和心智哲学家等的真知灼见。哲学家能够从不同种类的信息中找到一个通用方法来应对数字革命带来的社会变革。由哲学家提出的问题种类多样,值得我们关注。哲学家是典型的学术全才。哲学家并不创造数据。哲学家在处理诸如艺术的本质、亚原子粒子存在与否、理想国是空想还是现实等问题的时候,时时刻刻都面临着挑战,要从哲学以外的领域去寻找对于各种理念的重要性的合理评价,并将这些理念与其他领域的想法进行整合。哲学家实际上是信息与理论的拆解者,促进了原本并无交集的不同学科在观念上的交流。

在应对诸如数字革命将把人类引向何方之类的问题时,我们会陷入一个误区,那就是没有充分地收集某种重要的信息,或是因为自身的倾向而夸大了某种信息的重要性。在第一章中,我批驳了经济学家罗伯特·戈登(Robert Gordon)的观点,因为他的预测过分倚重历史经济数据,忽略了影响数字技术的各种趋势。戈登对他收集的经济数据分析得很透彻,却因为不了解人工智能预期发展的意义而对未来提出了不可靠的建议。

我将本书归为一本哲学书,还有一个重要的原因。我提出的社会-数字经济设想充分利用了精神哲学家关于"现象意识"(phenomenal consciousness)的本质的深刻看法。所谓的"现象意识"就是人类思维中负责认知"那是什么样的"的那部分意识。我认为,我们想要与有血有肉的同胞之间产生互动的需求是不能指望靠机器来满足的。我的整合性研究方法让我能够以同样的方式看待哲学家提供的关于现象意识的佐证与经济学家、进化生物学家、技术人员和社会心理学家等给出的专业依据。如果我们想要了解数字革命究竟将把人类带往何方,那我们就必须想方设法地去理解一切不同的信息来源之间的关联性与相互关系。当我与经济学家们在对未来工作的设想上意见相左的时候,我并不会自命不凡,妄图深化我们对经济理论的了解,但这丝毫不妨碍我对经济学家们所描绘的数字时代的工作的种种细节提出异议。我借用心智哲学家的观点也并非想解决关于现象意识的本质的深层次哲学问题,而是要大力宣扬从人类的角度出发,我们该如何理性地审视"机器是否能拥有如人类一般的情感"这个哲学迷思。我并没有解答心智哲学领域的深奥问题,而只是展示了哲学理念是如何影响我们应对数字革命的方式与态度的。

本书概要

在第一章中，我呈现了人类对数字革命的宏观展望。我提议将数字革命与其他几次被公认为人类历史转折点的技术革命，即新石器革命与数次工业革命放在一起，同等看待。21 世纪 20 年代还不是评说宏观历史意义的黄金时刻。我们几乎对一切数字产品都感到极度兴奋，稍有不慎就会夸大计算机的影响。经济学家罗伯特·戈登认为数字革命将不会达到它的狂热拥护者的心理预期。他将数字革命与以电能和内燃机为核心的第二次工业革命进行了对比，并表示，从第二次工业革命中衍生的进步“几乎涵盖了人类需求的各个方面，包括食品、服装、住房、交通、娱乐、通信、健康、医药和工作环境等”，而数字革命的影响却主要局限在娱乐和通信技术上，没有第二次工业革命对人类和经济的影响广泛。我认为戈登低估了数字革命的影响。据预测，人工智能将被应用于海量数据的分析，这表明人工智能对除娱乐和通信技术之外的其他方面也将会产生重大影响。

在第二章中，我聚焦于人工智能。人工智能领域的目标看似一目了然，其中就包括致力于打造拥有思维能力的机器。我认为人工智能领域已经形成了分裂的态势。我们能清晰地分辨出打造以下两种机器的不同动机：旨在打造拥有思维能力的机器的哲学动机，以及意在制造用于完成脑力工作的机器（让机器来完成人类使用脑力完成的工作）的实用动机。哲学动机最初是由人工智能的天才创始人艾伦·图灵提倡的，如果要拍摄一部电影，这种动机将是绝妙的设定。但在21世纪初期，人工智能领域的研究的关键词是“实用性”。实用主义者正在研制比人类更擅长脑力工作的机器。当这种哲学动机与实用主义目标——打造能够发掘数据内部蕴藏的财富并解决人类面临的高阶挑战的机器——同时摆在我们面前时，图灵缔造拥有真正思维能力的机器的梦想便沦为了陪衬。

在第三章中，我的着眼点从人工智能领域转向了人工智能实现脑力工作的核心——数据，并验证了网络流行用语“数据是新型石油”中蕴含的大智慧。数据是数字革命时期最耀眼的财富。企业持有的数据在决定它们的市场价值评估方面的重要性逐渐超过了前几次技术革命特有的财富载体，例如土地或石油。我认为，我们中的一些人对于这种新型财富的理解有些后知后觉，这会让这些人在与对数据价值的认知更为透彻的人打交道时落于下风。所以，当我们将自己的数据拱手转让给谷歌、脸书和基因检测公司23andMe的时候，我们便有几分像20世纪初期的得克萨斯州的农民，他们为了到手的一些蝇头小利就欢天喜地地把土地的石油勘探权卖出去了，因为石油勘探权对于农民而言也没有什么用处。我仔细思量了“信息渴望自由”这句话中蕴含的中肯道理。斯图尔特·布兰德(Stewart Brand)、凯文·凯利(Kevin Kelly)和杰里米·里夫金(Jeremy Rifkin)期盼，在未来，数据不再被把控在少数人手中，而是人人都可以加以使用。我建议将这种说法放在更宽泛的政治经济环境中考量，在这个环境中，有不少人靠着坚定地维护数据的独享权而发家致富。我思量过雅龙·拉尼尔(Jaron Lanier)提出的建议：我们应当针对使用我们数据的行为收取一定的小额酬劳，这些小额酬劳的资金流将流向互联网内容的原创者。但我质疑这种想法的实际可操作性。

在第四章中，我展示了数字革命对人类能动性造成的威胁。说得直白一些，数字革命对人类能动性的威胁就在于它对我们手中饭碗的威胁。数字革命带来的超级脑力工作者降低了人类能动性中所蕴含的经济价值。如果一项工作，机器能完成得比人更出色、更节能，那为什么要花钱请人去做呢？在数字技术的发展过程中，人类能动性的贬值已经有了不少的前车之鉴。我斟酌了许多经济学家和技术评论家提出的聚焦数字革命乐观论的归纳型案例。我们很难想象出，究竟什么样的工作将在数字革命中应运而生，但若以过往为鉴，我们可以认定这些新型工作一定会诞生。会计师和服务员的子孙可以长舒一口气，他们终于不用靠着往电子数据表里敲数字或是伺候别人用餐来谋生了。但是，我个人不赞同这种乐观主义态度。虽然数字革命会带来人类可以胜任的新经济角色，但数字技术瞬息万变的超能力很快就会让所有新工作都消失殆尽。支付给人类劳动者的酬劳将造就一股强大的推动力，这股力量会激励着人类去研制更节能、更高效的数字替代品。一个新角色的经济价值越高，通过实现自动化将其取代的动力就越大。

对数字革命看法不同的乐观主义者与悲观主义者之间展开

了一场争论。我认为,我们应当以悲观主义者的身份来应对工作自动化的挑战。乐观主义是个人面对人生挑战时采用的一种治愈性手段,但是,对于迎接数字革命挑战的人类共同体而言,这种手段却是下下之策。比起聆听经济学家在靠归纳法推演出的乐观主义精神中传递的那些自我感觉良好的信息而言,多去倾听悲观主义者的预言能让我们更好地面对一个祸福难料的未来。

在第五章与第六章中,我旨在为数字时代的人类工作者开拓可行的安全区。至此,我们已经从效率的角度出发将人类与机器进行了对比。效率以产出为焦点,而为了提高效率而采用的方式和手段只有与产出直接挂钩时,才会被纳入考量。我们对于高效率的痴迷追求最终可能将把人类逐出经济舞台。另一个可以跟效率相提并论的价值是人性。人性为先的价值观使我们倾向于经由人类之手来实现目标的方式。人性在人类最重要的关系中扮演着举足轻重的角色。现在有很多科幻作品描绘了下列场景:机器取代了人类恋人的位置,成了人类谈情说爱的对象。机器高效地做出了一切与爱情相关的举动,但它们的精神世界如何呢?关于这一点,我们不得而知。即便并没有充分认识到自身对于人性的热爱,我们还是将这种对于人际交往的体验的热爱带入了工作领域。我们认定,给我们清理伤口的医生、为我们调制浓缩咖啡的咖啡师与拍板制定社会最低薪酬标准的政客与我们一样,都是拥有精神生活的。这些人跟我们一样有七情六欲,都是"心灵俱乐部"中隶属于人类分会的成员。我们当然也看重这些领域的效率。当咖啡师忘了我们点的单，或是护士弄错了该往我们胳膊上注射的药物时，那也是糟糕至极的，但我们还是倾向于在继续保留人力的基础上来解决效率低下的问题。当听说人类护士有时会给患者拿错药时，我们不会力求以机器取而代之，而是想借用机器来辅助护士工作以纠正这些差错。我们要消灭误差，提高效率，同时保留绝对的人类参与度。

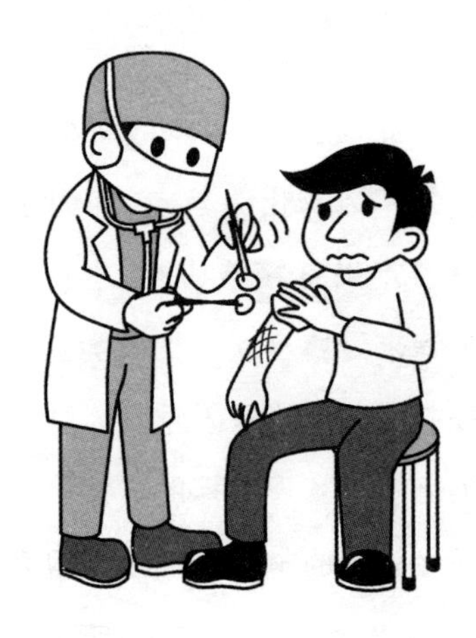

我们要向着社会-数字经济进军。这种两分式经济的远景将使人类工作者从非社会性领域中慢慢隐去。机器会替人类驾驶飞机或进行微创手术，而人类则会在以人际社交接触为中心的领域中一如既往地扮演至高无上的角色。在许多情况下，强大的数字技术还将助人类一臂之力。但我们有理由认为，就重要性而言，这些数字技术的贡献远不如人力的贡献。我们在获得服务后，会向提供这项服务的人类团队成员而不是机器表达心中的感谢之情。

我们要明确肯定，社会-数字经济中的社会范畴涵盖了借由人力完成能达到最佳效果的各项工作。那么，我们可以自信地认为，未来一定存在足量的工作，并且它们能够完全吸纳从非社会岗位上淘汰下来的众多劳动者吗？我的答案是，我们“应该”做到这一点，而不是预言这些岗位“自然而然就会有”。如果我们不去创造这些工作，它们就不可能存在。科技发达社会中存在的最严峻的问题之一就是社会隔离。人类是高度社会化的生物。在人类进化的先决条件中就包含了个体与群体中其他人之间的持续性接触，但我们现今营造出的社会环境却导致了人与人之间的隔绝与疏离。孤独的人痛苦倍增，甚至英年早逝。但是，社会-数字经济将以人类的社交属性为核心，创造出新型的工作，而我们将在以满足他人的社交需求为目标的工作中找到适合自己的一席之地。

社会-数字经济只是一个美好的愿望吗？在第七章中，我将就人类应当如何理解去打造能让我们完美步入数字时代的社会-数字经济这种使命感提出建议。我绝对不是在预言社会-数字经济一定会诞生。对于人类而言，阻力最小的发展道路通往的是反乌托邦社会，在反乌托邦社会中，一小部分的精英阶层拥有所有机器，因而也就自然而然拥有了几乎所有的社会财富，其余的人只能生活在贫困之中，过着毫无意义的日子。我提出的社会-数字经济是一种理想，一种即便我们知道实现起来会遭遇千难万阻也将竭尽全力去实现的理想。

另外一种与我的提法相左的理念源于全民基本收入(universal basic income,UBI)。或许,在数字时代,实现这种极致的社会经济的梦想令人神往。但是,这种社会化模式真的行得通吗?有些评论家寄望于一个“没有工作”的未来。他们号召建立全民基本收入体系,将效率不断提高的机器创造出的部分财富重新分配给无须工作的大众。但是,本书信仰的是一个“存在工作”的未来,因为优质的工作能带来社会效益,产生治愈性效果。我们也许会抱怨,有些工作不太体面,而且单调乏味,但我们抱怨的是“这样的”工作,而不是“工作”本身。社会-数字经济的社会范畴涵盖的新型工作不一定会存在当下许多工作中那些令人不悦的方面。这些新工作应当能迎合我们的社会属性,也不具备许多因机器高效性与日俱增而首先面临威胁的工作所具有的令人不悦的特点。

在第八章中,我就如何让数字时代变得更温情、更人性化提供了一些实用建议。身处超级数字技术时代,我们现在能做些什么来捍卫我们的人性呢?

在第九章中,我将一些知识脉络融合在一起并表达了我的强烈愿望:人类的下一个纪元不再是以主导的技术集成包来命名,而是要在名称中凸显我们人类共有的社会属性。人类将会从容地从后工业时代退场,经历数字时代,最终迈入一个社交时代。

第一章

数字革命会是下一颗明日之星吗？

当我们放眼展望数字计算机的前景时，我们不禁心生疑问，究竟是什么将它推上了人类历史转折点的神坛？无论是最新一代苹果手机的发布，还是Oculus Rift虚拟现实头戴式显示器的推出，我们深知在周遭的喧嚣过后，这些激越昂扬的心绪都将平复。我们明白未来人类会如何看待这些令人眼花缭乱的电子设备，无异于现在搭乘时速动辄超过300千米的日本新干线火车和法国高速列车的乘客会如何看待罗伯特·史蒂芬森（Robert Stephenson）于1829年设计的时速仅有40千米的“火箭”火车。我们在描绘最新的电子产品时所用的毫不吝惜的赞美之词，其实并没有捕捉到它们足以改变人类历史进程的精妙之处。那么，到底是什么让数字革命能够跻身诸多公认的人类历史转折点之列呢？

本书将数字革命视为一场技术革命，它呈现了数字计算机及协同技术的起源和发展。“技术革命”这一提法出自 20 世纪初一位标新立异的澳大利亚裔人类学家维尔·戈登·柴尔德(V. Gordon Childe)的论著。他认为技术革命是人类历史的推动力。柴尔德引入了“新石器革命”(Neolithic Revolution)的概念来讲述人类从狩猎采集转向农耕生产,并向四处繁衍扩散的迁徙历程,虽然进程时断时续,却是大势所趋。它宣告着以狩猎采集为人类普遍生活方式的中石器时代的终结。据可考史料记载,最早出现新石器革命的地区是新月沃土(Fertile Crescent),这片区域从尼罗河流域一直延伸到当今的伊朗和土耳其地区。此外,从狩猎采集到农耕生产的演变也在其他地区自然涌现。随着新石器革命的到来而诞生的犁耕与其他技术让农民能够有意识地利用脚下土壤固有的肥力进行生产。新石器革命极大地改变了个体的生存状况与人类的社会形态。曾经只够维系少量采集者生计的土地供养起了数量可观的农民。新兴的定居生活方式促使人类社会结构发生了翻天覆地的变化。

柴尔德关于技术革命论断的核心理念是“技术总集成”(technological package)。新石器时代的技术总集成涵盖的技术跟农业有着千丝万缕的联系。在 1936 年出版的一本名为《人类创造了自己》(*Man Makes Himself*)的论著中,柴尔德一语道破了自身的见解——“技术总集成”的出现对人类产生了深远影响。新石器时代的整体技术囊括了谷物耕种、牲畜饲养、石器农具和陶器制作,以及定居人口渴望的永久性居所的建设。数千年之后的今天,我们同样寻觅到了孕育出工业革命的工业技术总集成。蒸汽机的发明、工厂的诞生以及新生产方式的出现都在其中扮演着举足轻重的角色。

“技术总集成”这一概念点破了一体共存的各项技术之间存在的特殊关系——功能性相互依存(functional interdependence)。构成一个特定集成包的所有技术彼此之间休戚相关。集成包中任意一项技术的更新换代都将预示或催化这一集成包中其他各项技术的升级。谷物耕种使人类渐渐不再频繁迁徙，安定的生活转而催生了更加坚实持久的栖息场所。陶制容器的发明更令农耕社会如虎添翼。构建一个技术集成包的各项技术熔于一炉，形成相互支撑、相互依存的有机整体。

然而，柴尔德未免把情况设想得过于简单了。正如考古学家史蒂夫·米森(Steve Mithen)所述，柴尔德认为新石器时代的各项技术“在为人服务时自始至终都是不可分割的统一整体”。这一论断似乎与实际情况大相径庭。身处不同地区的人或多或少都需要在新石器时代技术总集成并不完备的时候将就度日。这里可不会出现科幻电影《2001：太空漫游》(*2001：A Space Odyssey*)中的桥段：一个黑匣子掉落到一群中石器时代的采集者面前，将柴尔德定义的新石器时代“技术总集成”中的五六项基本技术一五一十地和盘托出。这群采集者中也没有摩西(Moses)这样的首领，他只需上一趟山，就能带着谷物耕种和牲畜饲养技术以及陶器和石器制作工艺等满载而归。

一些狩猎采集者掌握了制陶工艺，却无意开拓新石器时代技术集成包中的其他技能，而一些社会在农业发展方面突飞猛进时，却根本没有享受到陶器带来的诸多好处。但这两条截然不同的发展轨道并没有阻碍陶器与新石器时代技术集成包中的其他要素相融合并形成功能协调的整体。制陶工艺令狩猎采集者能够制作出对于精神生活意义重大的陶制器物。但当制陶工艺与农作物相遇时，制陶工艺对个体与社会的影响力才被成倍地放大了。用一个被使用得非常频繁的词来说就是，陶器制作和谷物耕种之间形成了“协同”关系。装满了粮食的陶器远比单纯的陶器本身要意义深远。将陶器和农作物相结合才能显著提升两者的价值。

联网计算机是数字革命时代的技术集成包。正如我们从陶器与耕种中所发现的一样，数字革命时代集成包中林林总总的技术都是可分离的。在计算机问世之前，实现联网的是电话。数字计算机的发明开创了数字革命的先河，在它出现之前，还从来没有人预见过计算机能够实现联网。不必联网互通，计算机就已经能为一个社会创造出惊人的效益。如今，某些形态的社会热衷于将强大的计算能力赋予那些身处经济或政治领域的关键行业的从业者，同时又要压制那些在他们看来由于计算设备的联网不受限制而招致的社会混乱。朝鲜的统治者既要求业界精英能够顺利计算核弹的产量,并使用被称为“围墙花园”的国家内网——“光明网”(Kwangmyong),又不想这些精英接触脸书。计算机与网络是技术集成包中相互依存的技术,这一点表明,如果要刻意将二者分离,可能需要满足一些异常条件。计算机联网是大势所趋。计算机与网络在强强联手时创造出的效益远超过每种技术独自产生的效益之和,而所谓的异常条件,例如高度敏感、刻板专制的警察机关的存在,则会减少计算机联网所创造的利益。同一个集成包中的各项技术之间的协同关系并不能抑制技术集成包中某些要素在某些地区的显现(而其他要素在这些地区不会被看到),这是由各种本土条件下所产生的技术形态的多样性导致的。但我们不能被这种现象蒙蔽,并否认技术集成包中的要素是相互依存的。要素的相生相伴不容置疑。当某些要素与技术集成包中的其他要素相互融合时,这些要素将会扩大其他要素带来的影响。

柴尔德关于“技术革命”的提法中暗含了“技术时代”这一理念。新石器革命开创了新石器时代,工业革命则带来了工业时代。由技术革命引入的技术集成包为其开辟的时代设定了一些基本准则,这一点不容忽视。但是,新技术集成包带来的新准则的深远影响,是在某个技术时代进程中实现的跨越所不能比拟的。

现在,若要评说几次革命各自的历史意义,时机还不成熟。当下的我们正无限惊异于联网计算机带来的翻天覆地的变化,当苹果手机的创始人和谷歌搜索引擎的创始人在谈论无人驾驶汽车及利用机器学习者治疗癌症等话题时，我们似乎会欣然地全盘接受这一切预想，然而，回想 20 世纪 60 年代，当未来主义者就如何在火星上建立殖民地这一问题侃侃而谈时，对于他们的言论，我们似乎并不会轻信。这是因为我们知道，诸如发明无人驾驶汽车及利用机器学习者治疗癌症此类的事情，这些精英做得到。如今，就连“猪都能飞”这种说法都算不上荒谬，只要我们在句尾添加“在数字技术支撑下”这样的字眼，这种说法也就合情合理了。这番激昂慷慨的言论会令我们对数字革命所产生的历史意义的判断出现偏差。我们应当扪心自问，现在我们对最新的数字技术拥有的改天换地的能力赞不绝口，是否就像一个正对某个乐队痴迷不已的半大孩子在抑制不住地惊呼“这是我这辈子见过的最棒的乐队了！”然而，等下周的音乐新宠一上线，最棒的乐队的称号很快就易主了。我们目前正置身于对数字技术的一切都深感心潮澎湃的情绪中，完全偏离了对数字革命的历史影响做出相对冷静、客观的判断的立足点，但是，如果我们想要理性评价数字革命带来的历史影响，这也并非不可能。我们可以去推测我们的子孙后代对于数字革命做出的深思熟虑的评价。当苹果产品的发布成了人类营销史上的陈年旧事时，未来的人们会如何评价数字革命的意义呢？

数字革命会声势渐消吗？

假设我们全盘接受柴尔德的理论框架，那么以技术集成包为核心的技术革命的确会为随之而来的技术时代设定基本准则，新石器革命和工业革命就是活生生的例子。但是，数字革命也能如此吗？来自美国西北大学的经济学家罗伯特·戈登新近提出了一种对于数字革命持怀疑态度的评价，而将我们对数字革命的狂热放到戈登的怀疑论背景中进行审视是十分有用的。戈登认为，数字革命并不是人类历史的转折点，并且他似乎手握可以支撑他的观点的数据。

戈登声称，数字革命的拥护者夸大了联网计算机给人类与经济带来的效用。由技术创新带来的经济影响尤其令人瞩目，在这一历史大背景下，戈登提出了他的论断。在2016年出版的著作《美国经济的兴与衰》(*The Rise and Fall of American Growth*)中，戈登言之凿凿地论述，1870至1970年因经济的快速增长，人类的生活水平迅速提高，这100年成为了人类历史上独一无二的时期。在戈登看来，这种繁荣是建立在一系列空前绝后的科技创新上的。这些创新彻底改变了人类的工作与生活。戈登说："1870至1970年的经济革命在人类历史上是绝无仅有的，这场革命不可复制，因为其中的诸多成就不可重现。"

戈登的措辞表现了他对联网计算机的谦虚见解。在他的术语库里，数字革命成了"第三次工业革命"。在戈登看来，第一次工业革命是"建立在蒸汽机和其相关衍生物的基础之上的，尤其是铁路、汽船以及从木材到钢铁的演变"，第二次工业革命反映的是"19世纪末期的各类发明产生的影响，特别是电能与内燃机等的影响"。在戈登看来，第三次工业革命不仅是时间顺序上的第三次工业革命,而且是整体意义上的第三次工业革命。第二次工业革命对经济增长和民生改善产生了极其深远的影响,相比之下,第三次工业革命也就显得有些逊色了。

第二次工业革命为居家生活带来了巨大革新,对人类来说意义深远。戈登将这种意义放到了"联网"主题下进行概述。他的"联网"一词,远不仅是连通计算机这么简单,而是意指对人类造成的影响比计算机联网要大得多的事物的联结。戈登用这个词形容从1870年开始的百年间人类的居家生活所经历的脱胎换骨的变化。戈登说:"在1870年,人类的住宅是相互分隔的,但到了1940年,住宅形成了'网络',大多数的房子都实现了水、电、煤气、电话和下水道的连通。"此后,住宅在具体的连通方式上或许有着各种各样的改良,但没有哪一种改良的意义足以匹敌首次将水、电、煤气、电话和下水道这五大系统连接在一起的做法。戈登所聚焦的百年光阴见证了无数人在生活上的从无到有,而1970年之后的岁月,大体上只是让我们所拥有的从有到优罢了。家庭生活实现从油灯照明到电力照明,这一飞跃所承载的经济与社会意义远在从电力照明过渡到更安全、更可靠的电力供应的成就之上。电网的改造提升层出不穷,但没有哪一次提升能够超越首次将各个住宅连通的创举。

住宅领域之外的各类发明同样也是不可复制的。汽车替代了马车,在人类活动范围逐步扩展的大背景下,城郊应运而生了。客运飞机可以快速完成乘客的远距离运送且成本低廉,而在过去,这样的往返既劳心费神又耗资巨大。比起1970年的飞机、汽车而言，2018年的飞机、汽车无疑要高端多了，但这48年来的创新发展对人类经济和社会所产生的影响是无法与汽车、飞机首次发明的历史意义相提并论的。在职场领域，这样的技术变迁同样随处可见。从大趋势上说，人们渐渐从艰苦的户外劳动转向配备空调的室内办公。从我们的工作地点切换到实现了温度控制的室内开始一直到今天，劳动者的工作体验已经今非昔比了，但自1970年到现在的所有改变的重要性都不能与第一次将工作地点移到室内的创举相比。

戈登声称，这些创举的唯一性解释了为何自1970年以来人类停滞在了发展的平台期。他坚持认为数字技术无力改变自1970年以来的经济减速态势，但他承认在第三次工业革命的带动下，在1994至2004年的10年中，生产力实现了极速飞跃。“那时，随着互联网的问世，页面浏览、引擎搜索和电子商务为商业活动的方方面面带来了全方位的变化。”但这轮大潮随即退去，增速回落，最终风光不再，其与释放出强劲增长力的第二次工业革命相去甚远。戈登说：“虽然自1970年以来，各类创新层出不穷，但主要是集中在娱乐与通信技术上，涉及的广度大不如前……”他继而表示，“与第二次工业革命类似，第三次工业革命完成了革命性飞跃，但这些飞跃只局限在人类活动中相对狭窄的范围内”。第二次工业革命“本质上涵盖了人类需求的各个方面，包括食品、服装、住房、交通、娱乐、通信、健康、医药和工作环境等”，而第三次工业革命的影响力却仅限于“其中的几个方面，主要是娱乐、通信等方面”。事实上，当我们将第一次工业革命和第三次工业革命进行比较时，用于与铁路和内燃机相提并论的是完成脸书里的状态更新，向在谷歌上搜索“丹娜努岛(Denarau Island)的三星级酒店”的游客推送的斐济度假广告，以及可以在线观看的高清版本的《行尸走肉》(*The Walking Dead*)。

第三次工业革命的问题并不在于数字技术自身固有的局限性。戈登并不否认某些数字技术正在以指数级增速发展壮大。技术进步对经济的影响减缓，这似乎反映了人类的一些情况。脱胎于第二次工业革命的各项技术满足了人类诸多的长期需求，显著地改善了人类境况，令在第三次工业革命中熠熠发光的后续技术几乎没有了用武之地。现在，如果冰箱中囤的牛奶快没了，人们可以在智能手机上下载应用程序来提醒自己，但这类科技的重要性与当初发明家用电冰箱的重要性并不能相提并论。数据通过光纤电缆传输后，会在电视上呈现出超高清影像。这些影像相对于更新换代前的图像而言要显得赏心悦目多了。戈登认可“现在人们可以收看音乐视频专属频道，或者只要他们愿意缴纳额外的有线电视费，就可以全天候地在美国家庭影院(Home Box Office, HBO)电视网上观看免广告插入的影片”。HBO 电视网无愧于它的广告词，“这不是电视，这是 HBO 电视网”。但是，实际上这就是电视，只不过是高端些的电视罢了。在 2016 年，HBO 电视网推出了史诗级奇幻巨制《权力的游戏》(*Game of Thrones*)，剧中，特效制作的巨龙、宏大的打斗场景和时而一闪而过的裸露镜头都使其看起来与哥伦比亚广播公司在

1955年上映的剧中人物穿戴整齐的黑白西部片《荒野大镖客》(*Gunsmoke*)截然不同，但是，这二者本质上满足的都是类似的观影需求。然而，《荒野大镖客》《权力的游戏》展示的场景与1894年客厅里的生活日常却有着天壤之别。1870至1970年的百年时光见证了人类从“烦琐、黑暗、隔绝、早逝”的生活中解脱，迈入一切基本日常并与当下无异的时代。

这并不意味着，一旦拥有了冰箱、彩电和客运飞机，我们就会立刻宣称心愿已了，而只是表明靠着科技进步便能轻松满足的人类需求在很大程度上已经得到了满足。因此，我们必须放眼至科技创新的领域之外，去尝试满足目前尚未满足的人类需求。戈登将不平等视为经济增长的“逆风”。从某种程度上说，不平等关乎是否人人都能利用技术，而非技术本身的硬性指标。科技进步通常会导致不平等的加剧。从交通运输的侧面看，人人都能乘马车出行的社会比只有半数成员能够驾驶汽车出游的社会更公平。

戈登的书中最令人印象深刻的就是，他关于技术进步对经

济增长产生的影响的论断是建立在大量翔实的数据的基础之上的。哲学家通常需要借助推测来支持他们对趋势与未来走向提出的建议,但戈登却是海量数据的受益人,他对1870—1970年的传奇百年及在那以后的经济增长的情况了如指掌。戈登衡量技术发展对经济影响的手段是全要素生产率(total factor productivity,TFP)。他将全要素生产率定义为"产出总量除以劳动力与资本投入的加权平均数"。确定劳动力与资本的投入,我们就能够排除对于经济产量增长产生影响的其他因素。如果后期的产量比先期的产量高,那么,科技进步就是成就这种增量的首要原因之一了。虽然戈登对2004年之后呈现的缓慢增速倍感失望,但他认为2004年后的整体走势仍旧是上扬的,只是该时期的增速较1870至1970年要缓慢得多。虽然他手握大量数据,但是,过于依赖数据也会令人误判未来趋势,因为我们有理由相信,迄今为止的数据并没有充分描绘出某种即将发生的变化。

人工智能与数据的奇妙融合

为什么近年来的数字创新无法预测数字技术未来将对经济增长和人类福祉产生的影响呢?一些口若悬河的数字革命推广者宣称,某些数字技术在以指数级的增速发展。我们的确在集成电路、网络带宽、硬磁盘数字存储等方面感受到了指数级增速,此类案例不胜枚举,但过去的指数级增速与未来的指数级增速之间的区别是，我们马上要进入一段关键的过渡期。大肆宣扬技术呈指数级更迭论调的拥护者对描绘技术发展的曲棍球棒曲线图兴奋不已：在经历过缓慢而平庸的前期之后，指数式增长曲线迅速上扬，几近垂直。埃里克·布林约尔松（Erik Brynjolfsson）和安德鲁·麦卡菲（Andrew McAfee）将这种从缓慢发展到快速增长之间的过渡称为“拐点”（inflection point）。他们与《纽约时报》（*New York Times*）记者托马斯·弗里德曼（Thomas Friedman）等指数级增长论的拥护者形成了统一战线，都认为形形色色的数字技术的发展将很快进入拐点。弗里德曼描绘这一变化时最爱用的动词是“爆炸”，最爱用的形容词是“爆炸式的”。如果戈登的数据取样于第三次工业革命曲线中平庸缓慢的增长期，那么他的数据就带有误导性。21世纪初期互联网泡沫的破裂导致此后人们的商业信心普遍丧失，这也许能够解释戈登所说的经济增速出现了暂时性的下降。但是如果数字技术正要进入拐点，那么它对经济产生的影响可能就会越来越明显。

在拐点之后，我倾向于认为，日新月异的并不是数字硬件所蕴含的能量本身，而是我们如何更高效地利用这些硬件。第三次工业革命迄今为止所展现出的影响力与在不久的未来将要显示出的影响力之间的差距在于数据——数字计算机目前正在收集与处理的数据，而我们逐步尝试与这些数据相融合时所使用的神奇“配料”就是人工智能。数字计算机日渐智能化。这种智能赋予了计算机思维能力，从传统意义上来说，思维是人类的大脑中才会存在的运作机制。

要知道，戈登在其见解中谈到，第二次工业革命和第三次工业革命的关键性差别就在于这两次革命所满足的人类需求范围的不同。他认为第二次工业革命“本质上涵盖了人类需求的各个方面，包括食品、服装、住房、交通、娱乐、通信、健康、医药和工作环境等”，而第三次工业革命只在“其中的几个方面，主要是娱乐、通信等方面”上满足了我们的需求。然而，数据与人工智能间的奇妙组合也就意味着第三次工业革命将要开始跳出这几个狭小的范围，满足人类的各类需求。

从表面上看，戈登的论断的确勾勒出了时至今日，实现联网的数字计算机对于经济所产生的影响。谷歌的广告业务的收入占其母公司——字母表(Alphabet)公司收入的一大部分。广告从业者都熟知一个道理：当广告信息找准了潜在的购买人群时，产品销量会提高。谷歌的广告联盟(AdSense)和关键字广告(AdWords)都能实现广告的精准投放。它们赋予了广告人前所未有的途径，直击潜在消费者的内心，是朝着作家吴修铭(Tim Wu)所谓的“营销神技”迈出的重要一步——“话术因人而定，投其所好，就能如晨光般众人皆爱”。如此一来，我们也就不难理解为什么丰田公司不惜斥巨资在用谷歌搜索“一流的紧凑型汽车”的用户的网页浏览器上投放广告，也不难发现搜索这些词条的用户在丰田公司的广告中会获得与在其他大多数网络销售攻势中完全不同的体验。

如若数字革命大体上就是精准地投放广告、邮件、网络新闻和流媒体电影，戈登对于数字革命的悲观态度也就显得合情合理了。但是，我们目前使用数据的方式与我们满怀信心所期待的方式是不同的。企业家兼数据专家杰夫·哈默巴赫尔（Jeff Hammerbacher）面对铺天盖地的广告不禁气愤地说："我们这代人中的精英成天在想如何让人去点击广告，这真是恶心极了。"我们可以将哈默巴赫尔的牢骚解读为一种焦躁感，因人类在如何用大数据去探索更有价值的应用方面的停滞不前而深感焦躁。但是，他应当乐观地意识到，点击广告只是我们运用数据的起点。

约吉·贝拉（Yogi Berra）警醒地说："预测未知太困难了，特别是预测未来。"我们接下来进行的关于交通运输、健康主题的探讨就涉及对未来的预测。这些推测也许将被证明是错误的，但它们却是我们对当下或展望中的数字技术做出的合理推断。人工智能是数字革命中的王牌级应用，其实这早就有迹可循。在 20 世纪 90 年代，弈棋计算机迅速地从原先的只能打败业余选手但远远不敌一流人类棋手，发展到后来令一流人类选手都难以望其项背。2011 年，美国 IBM 公司（International Business Machines Corporation，国际商业机器公司）的超级计算机沃森（Watson）整合处理了多达 4 万亿字节的数据，其中包括全版的维基百科。沃森成功地打败了美国益智游戏节目《危险边缘》（*Jeopardy*!）中的两位冠军。阿尔法围棋（AlphGo）是谷歌旗下的"深度思维"（DeepMind）公司出品的人工智能机器人，其内部输入了源于 16 万场真实对战的 3000 万落子位置的数据。围棋是一种要求极其严苛的棋类，曾一度被认为是计算机无法胜任的挑战。但在 2016 年，阿尔法围棋战胜了人类世界的顶级棋手之一李世石(Lee Sedol)。

凭借着在国际象棋界、围棋界和《危险边缘》益智游戏节目上的所向披靡，人工智能在未来应用中的成就之广可见一斑。它将数据的变革力量传递到了那些从第二次工业革命中受益匪浅，而第三次工业革命迄今为止还远未触及的人类生活领域。还记得戈登提出的那些至今尚未受到联网计算机影响的人类生活的方方面面吗？它们分别是食品、服装、住房、交通、健康、医药和工作环境等。接下来，我会深入解读数据与人工智能的强强联手将如何改变交通、健康和医药行业等领域。哈默巴赫尔对于广告点击的偏见和不满将会烟消云散，不复存在。

人工智能如何改变交通行业

每年，全球因车祸而死亡的人约有 120 万。而在 2015 年，与恐怖主义事件相关的死亡人数仅不到 3 万人。正如士兵已经到了深陷于毫无休止的阵地战中的第三个年头一样，我们对于发生在街头巷尾的惨痛祸事已经变得麻木不仁了。我们默认这些死亡是为了实现工作地点与位于城郊的住宅之间的便捷往返而付出的代价。无人驾驶汽车在安全性能方面的提升是任何驾考系统的进步或者为人类驾驶的汽车加载额外的安全保障都不能比拟的。颇令人灰心的是，人类驾驶员将高精尖的驾驶辅助技术理解为允许他们的视线愈加频繁地游离于道路之外的技术。这一点在 2016 年 7 月发生的一场惨烈车祸中无情地得到了印证。一位人类驾驶员将所驾驶的汽车开启了自动驾驶模式，并趁机看起了《哈利·波特》(*Harry Potter*)系列电影中的一部。对于那些致力于减小 120 万(全球每年因车祸而死亡的人数)这一数值的研究者而言，最佳方案就是让人类从驾驶座上完全隐退。我们应当将身份从容易心猿意马的高危驾驶员转换为全职乘客，而我们对汽车的操控仅限于将手机连接在汽车电脑上，并通过语音表述目的地的名称。

现在的实验性无人驾驶汽车上装有各式各样的传感器，能通过激光雷达(light detection and ranging，LiDAR)(一种发射激光束、接收并分析周边物体回波信号的系统)来识别附近物体，此外，汽车上还会配备借助无线电波的反射功能的，专门用于探测周边高速移动物体的雷达系统。这两个系统上都加装了通过声波反射探知回声以识别周围物体的声呐系统，另外还装有光学相机。在谷歌地图(Google Maps)等地图软件的辅助下，车辆可以制订距离较远的驾驶计划。地图软件还为无人驾驶汽车提供了卫星影像、街景地图和交通状况的实时更新信息。

这些传感器会生成大量数据，如若没有足够的能力对这些数据加以分析，它们的价值将十分有限。在《无人驾驶汽车：智能汽车及其未来之路》(*Driverless: Intelligent Cars and the Road Ahead*)一书中，作者霍德·利普森(Hod Lipson)和梅尔巴·库尔曼(Melba Kurman)阐述了机器学习是如何让无人驾

驶汽车更好地利用数据的，其所实现的价值是人类驾驶员通过读取仪表显示盘上经过编辑选择后留下的主干数据的方式远远不能比拟的。无人驾驶汽车展开的“深度学习”与传统的人工智能策略有天壤之别，传统技术意在将车辆可能遭遇的各类情况形成编程指令并输入系统，而进行过“深度学习”的汽车与其说是靠编程指令来控制，倒不如说是车辆本身就“训练有素”。无人驾驶汽车的训练始于艰苦卓绝的达尔文式进化：符合人类训练员判断的响应（如注意并躲避行人）将被保留，而与人类训练员的判定相悖的响应则会被终止。利普森和库尔曼认为，人类训练员的重要性在逐渐淡化：

> 终有一天，深度学习软件会发展到可以独立操控无人驾驶汽车，令车辆自主运行并在运行中源源不断地收集最新的训练数据的程度。这些数据将被用于训练深度学习软件以升级其识别物体的精确度，并进一步提升其性能。随着车辆导航软件的日益强大，越来越多的无人驾驶汽车可以出现在街头巷尾，并收集到

更多的训练数据。

一辆无人驾驶汽车上路的时间越长，所积累的数据就越多，在路上表现出的性能也就更优越。“车队学习”(fleet learning)更能够将某辆车的训练结果传输到一整支车队中其他所有的车辆上去，这无疑进一步拉开了人工驾驶汽车和无人驾驶汽车之间的差距。这样的传输就如同一位脾气不佳的父亲或母亲可以轻轻松松地将毕生的驾驶心得迁移到其子女的脑海里，而不用喋喋不休地劝诫说：“难道你没看见那里有个停车标志吗?”人类驾驶员足以致命的心不在焉和过于自信的超车行为中都存在着有潜在危险的驾驶方式。无人驾驶汽车则不会重蹈这些覆辙。据说，上文提到的那场车祸是由于春日艳阳高照，那辆车的自动驾驶仪没能识别出一辆横穿高速公路的18轮卡车兼拖车组的白色车身而造成的。但此后，所有的同品牌的无人驾驶汽车都不太可能再犯同样的错误。利普森和库尔曼列举了“车队学习”的优势。

> 当汽车以数据的形式将驾驶“经验”汇集在一起时，每辆车都将从其他所有车辆的总体经验中获益。数年之后，指挥无人驾驶汽车的操控系统所积累的经验会比将1000个人的毕生经验加起来都要多。

戈登对无人驾驶汽车持怀疑态度。对于第三次工业革命涉及的各个领域在未来的发展趋势：医药领域的飞跃，小型机器人、3D打印技术、大数据与人工智能的发展等，戈登都表示不以为然，其中他最不看好的一项就是无人驾驶汽车。对此，戈登提出了两条批评意见。首先,在我们看来,无人驾驶汽车似乎具有划时代的意义,但是,与在第二次工业革命中汽车所经历的划时代发展相比,汽车实现无人驾驶就只能算是小小的改变而已。戈登说:“这块未来发展的领域在历史重要性的排名上是垫底的,因为与汽车的发明或车辆安全性的提升相比,无人驾驶汽车所附带的价值较小。自 20 世纪 50 年代以来,车辆安全性的提升使每辆车每英里[①]的死亡人数缩减到了原来的 1/10。”对于无人驾驶汽车产生的潜在经济影响,他同样不为所动,“利用无人驾驶汽车通勤所产生的额外消费者剩余相对较小。人类驾驶员在能够浏览电脑或手机屏幕、看书或查阅电子邮件时,不会去关注五花八门的各种选项,包括使用蓝牙耳机拨打电话、收听广播新闻或网推音乐等”。

戈登对于无人驾驶汽车带来的经济前景感到忧心忡忡,这是毫无道理的。目前,我们将大比例的城市空间都留给了汽车。毕马威会计师事务所(KPMG)进行的一项调查显示,当无人驾驶技术全面应用后,现今半数的车主都将不打算继续持有汽车。随着人类驾驶员退出历史舞台,城市中导致交通堵塞的车辆的数目将呈断崖式下跌。许多人会从上一代将汽车视为自由之“精髓”的理念中挣脱出来。我们也将无须精疲力竭地寻找停车点,因为载着我们到闹市办事的车辆会自动返航并回到出发地。对此,戈登承认,“即便这对于生产力发展没有直接的影响,对于

① 1 英里≈1.61 千米。——译者注

我们生活质量的提高也将产生积极的意义”。但是，除了提高生活质量之外，无人驾驶技术蕴含的潜在经济价值也是极其可观的。在紧张忙碌的上下班高峰期，来来往往的劳动者穿梭于闹市工作区与城郊居所之间，纵横交错的车道将市中心划割得“伤痕累累”，而无人驾驶汽车将让这里再度焕发生机。除了下单点外卖咖啡与快餐之外，人们还可以频繁地光顾五花八门的服务场所，享受额外的服务与体验。

戈登对无人驾驶汽车技术持怀疑态度的第二个考量则在于这种技术是否能够实现。他说：“为无人驾驶汽车喝彩的技术乐观主义者除了拥有高涨的热情之外，还留下了一大堆悬而未决的问题。”目前，无人驾驶汽车的雏形遭遇到了令研发者阵脚大乱的情况，他们并不擅长决断，无法明确判定无人驾驶汽车什么时候能够安全地在双车道路面上通行。现在，控制语音触控系统的软件不时会出现运行故障之类的问题。

戴维·奥特尔(David Autor)也认同对数字技术的创新无动于衷的经济学家的主要见解。他谈到了在海量数据面前，机器学习具有发现有价值的规律模式的显著能力：

> 我总体上观察到的是，这些工具具有不稳定性：有时准确得惊人，通常只是马马虎虎，偶尔又像个黑洞……IBM公司生产的沃森电脑在益智问答游戏节目《危险边缘》中，因击败人类冠军选手而声名大噪。但沃森在拿下比赛过程中，也曾给出过一个风马牛不相及的答案。那个问题是猜一座美国的城市名，题干为

“它有两个机场,其中最大的机场以一位第二次世界大战中的英雄的名字命名,第二大机场以第二次世界大战中的一次战役命名。”沃森给出的答案竟然是多伦多,一座位于加拿大的城市。

奥特尔对沃森电脑的挖苦未免显得有些气量小了。即便是在塞雷娜·威廉姆斯(Serena Williams)最无懈可击的网球秀中,一些失误的击球也在所难免。我们在评判沃森电脑在地理上的混乱时,应该也要想到,当那位参加智力竞赛的人类选手被问到“英国历史上有几位名为亨利的君主?”时,他也曾小心翼翼地说:“嗯,我知道亨利八世。所以,嗯,有三位吧?”

奥特尔承认对于机器学习的前景,人们还存在争议。他谈道:“有些研究者预计,随着计算机能力的提高和训练数据库的扩大,机器学习采用的粗略近似法将会接近甚至超越人类的能力。其他人则认为机器学习永远只能保证在大体上‘不出错’,但是同时会错过许多重要的、信息量大的例外情况。”奥特尔对于机器学习的概述具有悲观倾向。奥特尔指出,许多物体是以它们存在的目的来定义的,例如,椅子是设计出来供人坐的,而这些目的给机器“学习者”带来了“基础问题”,即便有海量数据可供机器“学习者”学习。目前的机器“学习者”正在努力地将椅子与其他形态相似但绝不会有人想要坐上去的物体区分开。奥特尔用哲学家卡尔·萨根(Carl Sagan)的一句话道出了在他看来机器学习所面临的挑战之巨大,“如果你想要从零开始制作一个苹果派,那你就得先创造出宇宙”,这实在是太艰难了。

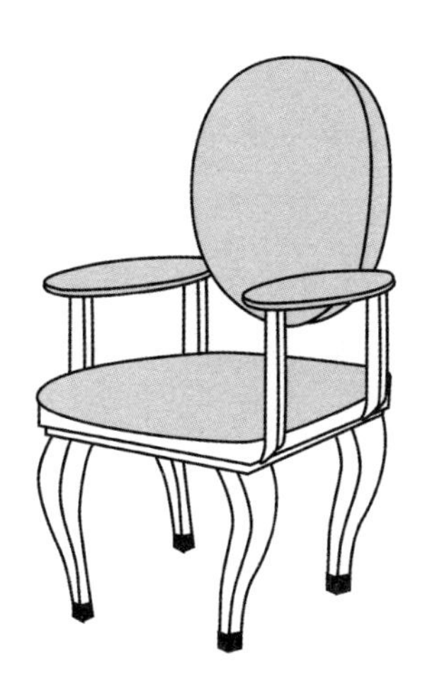

很显然，即便是当下最强大的智能机器也会做蠢事，机器学习面临着严峻的挑战。但关键的问题是，从机器学习的远景来看，这些挑战将如何体现。戈登与奥特尔解答这个问题的方式是错误的。心理学家格尔德·吉仁泽(Gerd Gigerenzer)曾经写道，各类预测可能会因为信息太多而失败。如果你了解的事实与过去的表现紧密相关，但与未来却没什么关联，你也会误入歧途。因此，你所得出的结论会倾向于将一般性的事实过于紧密地与过去具体的场景联系在一起。吉仁泽说："在一个不确定的世界里，复杂性策略之所以会失利，就在于它阐释了过多的事后的领悟。其实只有部分信息对于未来是有价值的，而直觉的艺术就在于要专注于这部分信息并遗忘掉其他信息。"如果我们能够退后一步，不去关注目前谷歌或无人驾驶汽车的工程师所面对的棘手问题中的细枝末节，而是聚焦于无人驾驶汽车演变的宏观模式,我们就能更好地预测无人驾驶技术的未来前景了。

过于关注目前机器学习领域所悬置问题的细节,有些类似于人们关注艾科 DH. 4 双翼飞机(Airco DH. 4,在第一次世界大战中使用过的轰炸机,战后被改装为客机)的种种局限,不厌其烦地描述一些当时困扰航空工程师的棘手问题,例如如何提高飞机的可靠性、安全性与载客容量等,并最终得出结论,将这种飞机投入商业航空领域的长远前景并不乐观。

在未来技术发展的过程中,的确还存在着悬而未决的问题,关于这一点,没有人会感到惊讶。2018 年登场的无人驾驶汽车是在将来某个时刻会投入生产的未来汽车的雏形。我们不能笃定,目前未能解决的技术难题将来一定会迎刃而解,或许这世上还有些未能为人所知的物理定律,这些物理定律将阻挡我们通往成功的道路。我们应当承认,从逻辑上来说,关于解决方案的理性预测并不一定成立。但是,我们能够发现,这些问题其实隶属于一个更大的范畴,而这个范畴中的许多问题是我们曾经解决过的。因此,我们可以满怀信心地认为,只要我们一直努力尝试下去,这些未解之谜终将被破解。如果我们与当今的谷歌工程师一样,只是盯着那些让他们抓耳挠腮、百思不得其解的问题不放的话,我们也很可能会觉得要破解这些问题难于登天。对此,无论是身为哲学家的我,还是经济学家戈登与奥特尔,都没办法发表太多的见解。但是,我们选中的合理视角却能让我们对于解决方案终将诞生这一事实满怀信心。那些面对挑战的谷歌工程师与毫无头绪的普通工程师之间有着极大的区别。如果你让一位普通的谷歌工程师设计一架时光机，以阻止美国总统约翰·F. 肯尼迪(John F. Kennedy)被刺，那么，你大概只能得到一个茫然的眼神。但如果你要求来自2016年从谷歌品牌中剥离出的、专攻无人驾驶技术的谷歌无人驾驶公司的工程师在目前有关无人驾驶汽车设计的悬而未决的问题上取得进展，你将会得到截然不同的回应。关于如何解决横亘于今天无人驾驶汽车的雏形与未来可以量产的车型之间的问题，谷歌无人驾驶公司的工程师很可能正在提出并验证着各种猜想。为了解决问题，专攻无人驾驶汽车的工程师只能将目前正在开展的工作一直推进下去，这样做意义重大。但非专业人士则需要退后几步，从艰深的细节问题中抽身，转而去关注大趋势，这样才能对未来前景有更准确的判断。我们相信，正如水管工会成功地疏通任我们自己百般努力也疏通不了的下水道一样，工程师才是解决相关专业技术问题的专家，我们也要对工程师怀有同样的信心。

人工智能将如何让健康行业焕然一新

现在，让我们来思考一下戈登列出的“健康”和“医药”两个条目，这是因第二次工业革命而焕然一新，但第三次工业革命却远未触及的人类生活的两个侧面。专攻个人基因组学与生物技术的公司23andMe将DNA(脱氧核糖核酸)测序技术运用到了顾客的唾液检测上，以让他们洞悉自己患上某些疾病的可能性以及关于他们祖先的点点滴滴。23andMe的价值主要体现在对基因信息的收集积累上。截至 2017 年 4 月,23andMe 已经拥有了约 200 万顾客的基因信息。数字版本的信息集成库可以运用强大的分析工具对数据进行解析。23andMe 将从别处获取的 DNA 上的发现呈现在顾客面前,但同时,它运用自身数据库进行自主研发的能力也在不断提高。在 23andMe 的网站上,作为其研究发现公之于众的成果就包括迄今为止仍然未知的,能造成甲状腺功能减退症与帕金森病的遗传诱因。随着顾客人数的增长与工具分析能力的增强,该公司网站有望让人们了解疾病,这是其他手段难以实现的。这些新知识成了将其他数字技术用于人类遗传物质的修改方面不可或缺的指路明灯。如果我们认为 23andMe 的疾病易感性数据库不过是用于宣扬疗效更佳的药物广告的工具,那我们就可能完全错怪这家公司了。23andMe 所做的绝不仅是向因遗传因素易感哮喘的人群推销治疗该疾病的药物而已。

为了看到机器学习在改善人类健康状态方面的潜力所在,让我们探讨一下机器学习专家佩特罗·多明戈斯(Pedro Domingos)在关于机器学习如何攻克癌症难题方面的构想。多明戈斯将机器学习的目标定为探索终极算法,所谓的"终极算法"是指"原则上来说,可用于从任意领域的数据中发现知识的通用(机器)学习者"。机器学习不断寻求构建人类用于学习的各类策略,但"机器学习者"并不满足于单纯地复制人类学习者的表现。多明戈斯等机器学习专家致力研发的机器学习者将能够发现在没有机器加持的前提下人类智力无力洞悉的模式。多明戈斯承认,人类目前还没有掌握这种终极算法,但他断言,我们正朝着那个方向不断前进。

癌症是极难攻克的疾病。人类与癌症的抗争史就是一段虽有雄心壮志却屡屡遭遇滑铁卢的故事。回顾令人沮丧的过往,对这类疾病的复杂性的深入了解让对癌症了如指掌的专家产生了一种听之任之的宿命感。在悉达多·慕克吉(Siddhartha Mukherjee)为癌症"立传"的获奖著作《众病之王》(*The Emperor of All Maladies*)一书中,他描绘了人类试图攻克癌症的梦想屡屡破灭的辛酸史,并从中得出以下结论:"癌症是我们生长过程中存在的一处缺陷,这处缺陷深深根植于我们自身。因此,只有当我们能够彻底脱离由成长引发的一系列生理进程——衰老、再生、愈合与繁殖时,我们才能摆脱癌症。"

慕克吉听天由命的论调未免太操之过急了。或许人类的失意史告诉我们的并不是癌症客观上的不可治愈性,而是人类智力与想象力的局限性。人类凭借直觉走了很长时间的弯路后才假想并论证了吸烟与肺癌之间存在的联系。癌症或许是我们无力靠自己解决的问题,但在有了某些数字技术的辅助后,我们便可能攻克它。多明戈斯将他针对癌症研发的机器学习方案称为"抗癌 X 计划"(CanceRx)。该计划将机器学习技术运用到我们正起步收集的海量数据中,以探究其中存在的既定模式。在这些数据面前,人类肿瘤学家也望而却步,只能通过简化的手段来处理分析。但数据一旦被简化,专家可能就只能发现其中最明显的模式。除了目前最明确的观测结果(吸烟者更易患肺癌,日晒时间过长的人更易患皮肤癌)之外,对于人类研究者而言,想要对其他模式一窥究竟是极其困难的。以上观测结果都属于大型统计效果。然而,想一探癌症全貌就需要对影响小于吸烟或过度日晒的各类因素有全面了解。

“抗癌X计划”将“分子生物学知识与取自DNA测序仪、微阵列基因芯片及许多其他来源的海量数据融合在一起”。在此基础上,我们还可以添加关于生活方式的信息,包括癌症患者、非癌症患者及对癌症治疗有不同反应的人群的饮食、职业以及体力活动的水平与方式。“抗癌X计划”从海量数据中寻找超出人类智力与想象力的模式。每当有新的数据点汇入时,“抗癌X计划”攻克癌症的胜算就增添了几分。多明戈斯说:“这个模型处在不间断的演化过程中,不断将新的实验结果、数据源与患者病历纳入其中。最终,它便能通晓每一种人类细胞——人类分子生物学中研究的所有细胞的所有通路、调控机制与化学反应。”“抗癌X计划”最多可以被视为一种技术思维实验。这一计划的实现对于多明戈斯而言,依然遥遥无期。他是将“抗癌X计划”作为一种猜想提出的,一种关于机器学习的发展将引领我们去往何方的猜想。

你不能妄想着有一天,心心念念的“癌症克星”能横空出世——只要吞下这颗神奇的药丸,当下百般摧残你的癌症便立即被治愈了,并且日后你也不会再度罹患癌症。我们可以明确地说,世上不会有这样的药丸。正如16世纪西班牙人探索中南美大陆时,就有清醒者质疑过西班牙征服者发现了“青春之泉”

一事的真实性。慕克吉将癌症视为人类生长过程中的缺陷,认为癌症根植于基本生物性的论调恰好说明了个中原委。任何一种从受精卵开始发育的生物在从单一细胞分裂生成数万亿细胞的过程中都难免会出现一些致命的差错。癌症之邪恶在于其可突变性,它会针对治疗措施片刻不停地进行相应的演化。如果一种靶向药物命中了癌症赖以维系的某种机制,那么,它就会更换别的路径来实现生长的目的。“抗癌X计划”则利用终极算法的超级智慧来对抗癌症,它从关于人类癌症的总数据库中找到规律模式。假如癌症发生了新型突变,“抗癌X计划”将运用它惊人的学习能力迅速找到破解之法。多明戈斯说:“因为每种癌症各有不同,我们需要利用机器学习找到普遍的范式;因为每个组织都能产生数十亿个数据点,我们需要利用机器学习计算出每个新患者下一步的治疗方案。”

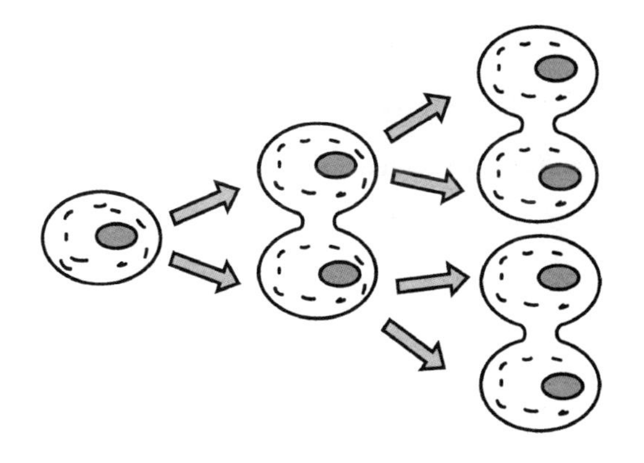

在本书撰写之际,“抗癌X计划”还只停留在技术构想的阶段。与其他令人神往的未来图景一样,这一计划最终究竟能否

实现,我们不得而知。当多明戈斯在描绘“终极算法”时,他切换到了营销模式,称其为“划时代的最伟大科学成就之一”,随即又说:“实际上,终极算法是我们最无必要去发明的东西,因为一旦我们放任它发展,它就可以创造出能够被创造出来的一切。我们需要做的只是给它提供足量的对口数据,让它去发现相应的知识。”重点是我们要理解,终极算法并不是一个非此即彼的绝对命题。我们翘首以盼的收益即便没有多明戈斯描绘的那样惊人,也将是十分巨大的。或许,“抗癌 X 计划”并不能治愈所有的癌症,但即使这个目标只有部分实现,也仍然值得我们欢呼雀跃。

人类将机器学习应用于疾病防治领域的能力及对该应用的渴望都是有迹可循的。2016 年 9 月,马克·扎克伯格(Mark Zuckerberg)和他的妻子普莉希拉·陈(Priscilla Chan)宣布将在未来 10 年内投资 30 亿美元以支持多明戈斯的理念。扎克伯格与陈孜孜以求的新技术不仅要能治愈癌症,而且要治愈所有的疾病。在他们的注资宣言中,扎克伯格问道,“在本世纪末,我们能够预防、治疗并控制所有的疾病吗?”这一举措将打造出一个生物学中心,让科学家与工程师齐聚一堂,共同研发预防、治疗或治愈疾病的新型工具。这一举措的第二要务是在数字革命的背景下研发可能成为现实的革命性新型医疗技术。扎克伯格与陈提出人工智能带来的进步能够使新型脑部影像技术在神经系统疾病领域得到有效应用,机器学习可以应用于癌症遗传学,以及芯片技术能够发展到迅速锁定疾病的程度。

如果人工智能可以成功地治疗并预防疾病，那将是极其振奋人心的。但人工智能对人类文明产生的影响则源于其在人类奋斗领域的广泛的适用性。托马斯·纽科门（Thomas Newcomen）最初构想的蒸汽机是用于抽取矿井积水的，但很快，它就被广泛应用，并不只限于承担被水淹没的矿井中的排水任务。就在转瞬之间，工厂、火车、远洋船只通通都装配上了蒸汽机。人工智能也同样无所不能。这不仅是一项可以应用于汽车驾驶或癌症治疗方面的技术，只要自然界中存在可供人类了解但似乎超出人类智力与想象力范围的模式，此模式就应该随时随地体现其价值。

结语

本章展望了数字革命的宏图远景。我坚持认为数字革命与人类历史上其他数次人类公认的转折点，即新石器革命与几次工业革命别无二致。我并不认同经济学家罗伯特·戈登的怀疑论，比如他认为联网计算机对人类进程的影响是无足轻重的这一观点就不足为信，但我坚信，在人工智能的发展中所见的一切让我们有充分理由抛开戈登的悲观论调。在下一章中，我们将聚焦数字革命神通广大的新奇产物——人工智能，同时，我也将描述在理解“智慧机器”到底意味着什么这个问题上所存在的一种重要的歧义。

第二章

人工智能的分裂人格

人工智能的目标看似简单明确。正如艾伦·图灵在他的开创性论文《计算机器与智能》(*Computing Machinery and Intelligence*)中所陈述的那样,开创人工智能的初衷是打造一台能思考的机器。图灵寄希望于依靠计算科学的进步来实现这一目标。他提出了一项著名的测试,自称能将有关思维的问题转换为与思考者行为相关的问题,使思维问题更加有迹可循。如果一台机器能以人类认为智慧的方式与人进行交谈,就能够通过所谓的"图灵测试"(Turing Test)。

本章旨在探索早在图灵的豪言壮语现世之初,在人类饶有兴致的"思维机器"领域就一直存在的歧义。我们究竟是在不遗余力地打造有思维能力的机器还是能够完成脑力工作(人类运用大脑完成的任务)的机器?在人工智能领域的研究中,两种截然不同的动机清晰可辨,即哲学动机与实用动机。哲学家试图打造的是拥有思维能力的机器,而实用主义者想要的是能够承担脑力工作的机器。在21世纪初期的人工智能领域,这两种动机兼而有之。我们应当关心的问题是拥有思维能力与能够承担脑力工作两大目标孰轻孰重,以及哪种动机在人工智能的远景蓝图中意义更为重大。

哲学动机俘获的是我们的想象力,因为它意图打造出一台拥有人类最为珍视的品质的机器。思维世界令我们无限神往,这种魔力让我们对"思维机器"的理念感到五味杂陈,既兴奋又恐惧。对于创作人工智能所主导的未来主题的电影编剧而言,哲学动机一直以来都是,也必将继续是他们想象的世界中的至高无上的存在。但是,真正让人类对这种哲学动机趋之若鹜的地方恰好让它在作为计算机工程师要攻克的目标之时陷入了尴尬的境地。数千年来,关于思维究竟是什么,善于思考的人类心中已经建立起了一整套丰富的评价标准。我们或许会被愚弄,误以为伪思考行为的背后有思维主体的存在。但只要细想一下,我们就能将在短暂对话中瞒天过海的人造大脑与真正的思维主体区分开来。我们通常愿意接受在真物件上安装"假大脑",这恰好道出了为什么人类会对制造拟人设备非常感兴趣,但这些设备绝对不会被获准加入"心灵俱乐部"。

一些哲学家认为,从原则上来说,打造出拥有大脑的机器只是天方夜谭。但我不这么认为。未来可能会出现真正意义上的智慧机器,但对于拥有大脑的机器的求索并不是人工智能对人类文明产生决定性影响之所在。图灵赋予了哲学动机至高无上的地位，但我们看到的是实用动机正逐渐占据主导地位。从以人工智能对人类文明的影响为关注点的远景宏图中看，我们应当将注意力主要集中在打造能承担脑力工作的机器上。相较于人类，数字机器能够将脑力工作完成得更好且所需成本更低。它们能更出色地驾驶卡车、识别异常的超声波，以及预测经济衰退。至于它们是不是“机械性地”完成这一切，则无足轻重。

我们应当承认，像谷歌、脸书这样的公司摇身一变，标榜自己属于人工智能公司的做法完全是出于务实。2018 年，无论是亚马逊、苹果、脸书还是谷歌推出的人工智能机器都无一能够通过图灵测试，但这种失败对于这些公司而言无足轻重。在实用动机与哲学动机的对战中，前者已经胜出，这一点在本书第三章中可以被清晰地看到。本书认为，数据是数字革命中最典型的财富。所有试图印证图灵理论的兴致都不敌从海量数据库中攫取隐藏财富的势头。谷歌与脸书的思维机器通过向人类精准投放广告而聚敛财富。未来的机械性脑力工作者则将拥有更严肃的使命。在佩特罗·多明戈斯的“抗癌 X 计划”思维实验中，完全不存在能够以模仿人类的方式与人类对话的机器，因此，“抗癌 X 计划”不太可能会通过图灵测试，至少在该思维实验没有额外加装一些对于分析癌症数据有帮助的人类对话模块之前，它通过测试的可能性不太大。打造能够完成脑力工作的机器才是人工智能的当务之急，而能够思考的机器只不过是佐餐的配菜而已。

我要以《星际迷航》为隐喻来说明在人工智能领域实用动机所处的主导地位。影片中最能反映人工智能对未来强势影响的角色并不是魅力超群的机器人“达塔”(Data),在我的印象中,这一角色是由布伦特·斯皮内(Brent Spiner)扮演的。达塔屡次救“进取号”飞船于危难,并倾吐过类似匹诺曹一般的愿望:希望能变得更像人类。相反,我们要将目光投向这架实力强劲的飞船上装载的联邦计算机,它是由演员玛耶尔·巴莱特-罗登贝瑞(Majel Barrett-Roddenberry)配音的。这台计算机的标志性的开场白是“工作!”,而当它拒绝回答拙劣请求时就会说“数据不足!”。

在本章的末尾,我将从道德角度驳斥以打造拥有思维能力的机器为目标的兴趣项目。试想,如果我们成功地制造出能像人类一样思考的东西——真正有感知能力的机器,那就等同于我们创造出了一种生物,而这种生物兼具两种从道德角度而言原本只属于人类的特性。首先,它是一种全新的实验性生物。其次,它能够感受到痛苦。如果将它的智慧建立在人类智慧的基础上,其所感受到的痛苦必将十分巨大。在打造真正意义上的智慧机器之前,我们会迟疑,就如同在想要通过各类遗传学实验改良子孙后代的基因之前,我们也举棋不定一样。因为在这两种情况下,我们都无法自信地认为,对于所创造出的实验性生物的各类需求,我们都能一一满足。

聚焦机器思维的哲学关注与实用关注：拥有思维能力还是承担脑力工作？

图灵对于推动人工智能的哲学动机的阐释令人心悦诚服。在打造能够承担脑力工作的机器方面，他也是一位先驱者。在布莱奇利公园(Bletchery Park)——英国政府设立的一所密码编译与解码学校，图灵和他的同事运用计算机破解了纳粹的密码，而这些密码是人类光凭纸笔所无法破解的。图灵也寄希望于能用电脑来破解人类思维的密码。他于1950年发表的论文《计算机器与智能》中阐述了我们应当如何识别一台计算机是否已经拥有了思维能力。为此，图灵设计了一项精妙的测试来判定机器是否具有思维能力。

图灵测试中包括以文本为形式的五分钟对话，参与对话的人将负责判定与他交谈的对象是人还是机器。图灵认为，如果裁判无法辨识对话者究竟是人还是机器，那么我们就可以断言，那台机器“具有思维能力”。

图灵对人工智能的勾勒体现了什么哲学意义呢？图灵是数学家、逻辑学家、密码学家，也是计算科学的奠基人，然而，他并不是一位训练有素的哲学家。我们认为他对思维机器的关注具有哲学意味，那是因为他的根本目的在于传达一种求知欲，他想要知道基本心理结构与人类完全不同的拥有思维能力的生物究竟是什么样的。正如我们听说章鱼可能有意识时的反应一样，我们对机器可能具有思维能力一事怀揣着类似的好奇心，忍不住会去幻想这些稀奇古怪的脑子里到底都在想些什么。对于一台通过了图灵测试的计算机而言,如果在它还没能完成一次尤为耗时的运算之前有人把它关掉了,它会不会感到沮丧呢?计算机沮丧起来又是什么样的?我们今天的计算机能力非凡,但它们激发不起我们的这种好奇心。我们不会轻易地认为一台高配置的计算机具有思维能力,就如同我们不会觉得恒温器有大脑一样。图灵告诉我们,电脑将变得越来越精密,能够完成许多在他所处的时代无法完成的工作,这一点很容易预测。但是图灵想说的远不止于此。他认为,当计算机硬件或软件经过改造升级促使计算机成功地通过了图灵测试后,计算机除了获得额外的计算容量之外,还将发生更重要的变化。这种变化与提升计算机下载联网文件的速度等的改进不同。通过图灵测试的计算机拥有思维能力。如同我们想知道"做一条有意识的章鱼是什么感觉"一样,想象一下"做一台拥有思维能力的计算机究竟是什么感觉",瞬间就变得意义非凡了。

我并不是说我能清清楚楚地知道这位人工智能领域的奠基人脑子里在想什么,而是想指出图灵预测中仍然让我们心驰神往的部分。我们为人类能跻身"心灵俱乐部"而感到心满意足,同时也不禁醉心于为俱乐部再纳新人的愿景中。人类为何会痴迷于诸多关于机器思维的科幻小说,我们的好奇心道出了其中的原委。在斯坦利·库布里克(Stanley Kubrick)的电影《2001太空漫游》(*2001:A Space Odyssey*)中,嗜杀的电脑HAL 9000被塑造为从一个黄点发散出的一圈恒定红光,但它所使用的语

言与影片中那些面无表情的人类说的话相比，能激起我们更多的情感共鸣。当宇航员戴夫(Dave)要把 HAL 9000 关掉的时候，我们能感受到它的痛苦——“我害怕，我害怕，戴夫。戴夫，我的意识在消失，我能感觉到”。在我们的预期中，一台机器的关机过程带来的是机器能力的逐渐丧失，但在 HAL 9000 的遭遇中似乎还有更重要的一面。观众听到了 HAL 9000 的话，幻想着戴夫会不会心软，对这个与众不同、卓越非凡的思维主体手下留情。或许戴夫可以让 HAL 9000 立誓不再杀戮人类？随着戴夫一步步关机，HAL 9000 渐渐退化到了孩童般稚气的状态，于是，我们好奇它的意识之光什么时候会消失殆尽。我们不由自主地跟 HAL 9000 产生了心灵上的共鸣，就像在目睹一个意识即将消亡的人那样。

人工智能的实用动机并不关注思维机器是什么样的，这种动机不由好奇心驱动，对基本结构与人类大相径庭的思维主体本身也毫无兴趣。相反，这种动机专注的是机器的执行能力所能带来的实际利益。人类依靠大脑成就丰功伟业。通过机器完成脑力劳动的渴望推动了人工智能实用领域中热点的形成。机器不仅可以完成脑力工作,它们的效率还更胜人类一筹。

在当代,机器学习集中体现了对人工智能实用性的关注热潮。关于在复杂的数据库中找寻规律模式的能力,如今的机器学习者已然让人类学习者相形见绌了。专攻机器学习的从业人员构建算法,将数据转化为知识与预测。在第一章中,我谈到了佩特罗·多明戈斯的思维实验——“抗癌X计划”。他将机器学习的最终目标设定为实现终极算法——某种“原则上来说,可用于从任意领域的数据中发现知识的通用(机器)学习者”。他洋洋洒洒地描绘了在计算机编程方面为了运行终极算法所付出的诸多努力。然而,他从未想过,当机器学习者慢慢朝着实现终极算法的方向进化时,我们最终拥有的将是凭借自身实力便能够像人类一样参与到交谈中的机器,虽然这种交谈只能以文本信息的形式进行,并且这项艰巨的任务可能也处在终极算法的能力范围之内。多明戈斯也从未想过能运行终极算法的机器究竟长什么样,他只是关心这台机器到底能用来做什么。

多明戈斯描绘了机器学习的“五大学派”——符号学派、联结学派、进化学派、贝叶斯学派和类推学派。每一学派都建立在人类学习过程中所使用的某种策略的基础之上。被多明戈斯称为“符号学派”的学习方式是从哲学家、心理学家和逻辑学家的理念中衍生而来的。当你从“p暗指q”与“p”这两个条件中推断出结论“q”时,你所运用的就是符号学派的策略。在人工智能发展的早期,符号学派是打造智能机器的主要希望。当我们重新建构自身思维的时候,我们通常会将思维转换为符号学派能够识别的样式,而人工智能最初令人大失所望在很大程度上也归咎于这种学习方式日益显现出的局限性。联结学派的学习方式建构于我们对大脑的认知之上,其核心理念是调整一个网络内的不同节点的联结方式。进化学派的灵感源于对理论进化过程的操控。进化学派潜心于创造条件,让不同理论展开相互竞争,在竞争中,精确度低的理论消亡,而精确度高的胜出方继续参加角逐。与随机的基因突变类似的进化过程不断改进理论,以提高其真实性。贝叶斯学派关注的重点是通过概率信息进行学习。类推学派则试图通过评估不同领域的论断的相似性来进行学习。每种学派都在探索属于自己的"终极算法"——某种"原则上来说,可用于从任意领域的数据中发现知识的通用(机器)学习者"。在这五大学派的形形色色的子域中,研究者似乎都在忙于争论究竟哪种学习方式才是最好的,而这些纷争也成了学界的保留项目。多明戈斯希望能够终结这场内部论战。终极算法取材于机器学习的五大学派中的每一个派系。每个学派都有自己的弱点,这意味着它们靠单干无法挑起机器学习领域的全部重担。

多明戈斯企盼这种终极算法的发现能成为"划时代的最伟大科学成就之一"。他继而又说:"实际上,终极算法是我们最无必要去发明的东西,因为一旦我们放任它发展,它就可以创造出能够被创造出来的一切。我们需要做的只是给它提供足量的对口数据,让它去发现相应的知识。”

尽管多明戈斯信心十足,但如果能够运行终极算法的机器不过是数字时代的永动机,根本就不可能实现,那又当如何呢?试想一下,如果打造运行终极算法的机器这一目标似乎只有当你认真并细致地考虑到究竟要靠什么才能制造出这样一台机器时才有可能实现,那么,多明戈斯可能要失望了。但是,在努力实现这个不可能实现的目标的过程中,我们却很有可能收获满满。或许我们将要拥有的机器能够在海量数据中发现更加珍贵的规律模式,并且这些模式是人类智力难以企及的。实用动机已经催生了各式各样从事脑力工作的机器,这些机器的工作能力比任何人类工作者都更胜一筹。

图灵清晰地将自己的哲学动机从推动机器学习发展的实用动机中剥离出来。在挤满了贝尔公司主管的房间里,他高声放言:“不,我对打造超能大脑毫无兴趣,我追寻的不过就是一颗平庸的大脑,它就像美国电话电报公司的总裁(贝尔)一样平平无奇。”这便是针对人工智能领域的哲学动机的振聋发聩的宣言。美国电话电报公司的总裁或许资质平庸,但毫无疑问,他是具有思维能力的。如果图灵能够打造出一台数字计算机,而它能达到美国电话电报公司总裁的大脑所达到的一切思维标准,那么,图灵就实现了自己的目标。美国电话电报公司的总裁是有思维能力的,但如果他的大脑如图灵所说的一般乏善可陈,那么,这种机器学习者的设计师必将大失所望。多明戈斯期望借助机器学习者不凡的实力来解决超出人类能力范围的问题。如果这种机器的思维水平仅与美国电话电报公司的总裁不相上下，那它就无法提出攻克癌症的新型良方。多明戈斯倡导的机器学习的五大学派全部都是从人类的学习策略中汲取灵感，但他期望打造的机器在各种形式的学习中却能让人类望尘莫及。他绝不会满足于制造与平庸的人类大脑不分伯仲的机器学习者。

我们可以将一些针对人工智能未来前景的著名驳斥论理解为以图灵的哲学雄心为导向，却对实际利益充耳不闻的想法。想一想约翰·塞尔（John Searle）的著名的“中文屋”（Chinese Room）思想实验。这项实验支持的结论是，即便是最精密的程序也无法拥有或产生真正的思想。

在“中文屋”思想实验中，塞尔想象自己身处一间屋子，有人从屋外递进来一张纸，上面留有一些“潦草文字”。他不知道这些文字是什么意思，但手上恰巧有一本用英文撰写的规则对照手册。在这本手册的指导下，他书写了与收到的文字迥然不同的具体象形文字作为回复。塞尔直到后来才发现，这些潦草的象形文字其实是中文，而他实际上是出色地回答了用中文提出的问题。塞尔在“中文屋”中给出的回复与以汉语为母语的说话者给出的答案别无二致。一位中国人可能会将结论归因于思维主体懂中文，但塞尔说，无论是他的大脑，还是这间被看作一个整体的屋子都是不懂中文的。所发生的一切不过就是对符号的操纵罢了。根据塞尔的观点，适用于“中文屋”的情况同样适用于计算机。这间屋子就是一台计算机。它通过操纵符号来回应一切问题，但对于屋子本身而言，这些符号毫无意义。没有人会费心去造这种计算机。对于初创企业来说，主营海量的手册编写，好让锁在屋子里的人能够用于回答中文问题，这种做法是没有任何前景可言的。“中文屋”只是一项思想实验，旨在证明计算机并不具有思维能力，而这一结论也可以分毫不差地套用在今天的笔记本电脑以及它们之后的计算能力更为精进的后代产品上。

假设我们对“中文屋”进行重新编程，将其用于运行终极算法。塞尔和他的哲学追随者则会断言，这种情况与对“中文屋”进行编程以用于回答中文问题的情况相比，并没有什么两样，计算机在拥有真实思维能力方面并未更进一步。但人工智能领域的实用主义者对此毫不在意。即便原始版本的“中文屋”毫无思维能力可言，一位迷路的中国游客也能够通过它获得导航的帮助。对于“中文屋”没有思维能力这一点，这位游客也心知肚明。将很可能毫无思维能力的“中文屋”经过重新编程用以运行终极算法，或许这样就能够制定出应对急性淋巴细胞白血病的治疗方案，并且这种方案是一切人类医疗研究者都无法制定出来的。这种方案并不会因为是被我们认定为无思维能力的东西提出的而丧失丝毫可信度。

人工智能的分裂人格会促生困惑与受伤情绪。回顾一下在1996年与1997年，当时的国际象棋世界冠军，许多人心目中的无冕之王加里·卡斯帕罗夫(Garry Kasparov)与IBM公司的象棋计算机“深蓝”之间的两度对决。1996年，“深蓝”惜败于卡斯帕罗夫。1997年，“深蓝”与卡斯帕罗夫再度交锋，并在6局制的比赛中大胜而归。此次对决开创了在依照锦标赛规则指导的经典赛事中，计算机击败世界冠军的先例。2017 年，卡斯帕罗夫出版了《深度思考》(*Deep Thinking*)一书，深度剖析了在计算机骤然崛起的过程中，从机器表现远逊于最佳人类棋手的时期到机器最终技高一筹的时代，他身为世界顶级人类棋手所经历的一切。他的描述引人入胜地再现了最佳人类棋手与最尖端国际象棋计算机之间的比拼恰好发展到水平"旗鼓相当"的那段短暂的历史时期。

卡斯帕罗夫讴歌了打造"深蓝"的软件工程师们实现的历史创举，但对 IBM 公司对他的所作所为倍感痛心。在卡斯帕罗夫眼中，工程师打造能击败最佳人类棋手的国际象棋计算机是出于一种"科学性"爱好。他口中的"科学性"一词本质上体现的是我们之前谈及的哲学动机。卡斯帕罗夫与"深蓝"展开对决之时，满怀信心地认为 IBM 公司感兴趣的是他——世界顶级棋手的国际象棋思维。卡斯帕罗夫想象了与 IBM 公司的软件工程师们合作的场景——工程师们如何运用编程技术来洞悉他的思维的场景。他们或许在尝试制造出带有卡斯帕罗夫影子的计算机。卡斯帕罗夫深知，将自己的国际象棋视野与计算机分析数据的能力叠加在一起后，他最终落败就在情理之中了——就算不是在 1997 年的比赛中失利，也将在此后的下一场，或是再下一场失利。从这个意义上来说，卡斯帕罗夫最终失败的本质原因是他被自己打败了。但遗憾的是，IBM 公司的软件工程师们的兴趣并不在于破解卡斯帕罗夫的国际象棋思维的密码。他们采取的方法是纯实用性的。对于“深蓝”是否拥有像卡斯帕罗夫一样的思维或落子是否带有卡斯帕罗夫的风范，工程师们丝毫不在意。他们唯一关心的是“深蓝”的象棋要下得比卡斯帕罗夫出色。根据卡斯帕罗夫的说法，IBM 公司的实用主义或许已经演变到了要暗中监视其赛前准备的程度了。但 IBM 公司感兴趣的不是卡斯帕罗夫的脑子里在想什么，而仿佛像是要时时刻刻地监视他。彼时的 IBM 公司恰好已被微软、苹果等品牌抢尽风头，渐渐为人所遗忘，似乎已被时代洪流淹没，而“深蓝”大胜卡斯帕罗夫的消息一时之间也就成了 IBM 公司的绝佳宣传素材。

真假思维之辨

我们见证了多明戈斯的预言——机器学习领域的进步终将迎来一种“能够创造出一切可以被创造之物”的机器。这一宏伟的预言源于哲学动机。1950 年，图灵曾预计，在其论文问世的“大约 50 年”后，人类的编程技术便能登峰造极，“普通的询问者在 5 分钟的提问环节后，做出的判断的正确率将不会超过 70%”。50 年的时限已然过去，但我们却似乎还未拥有能通过图灵测试的机器。我们拥有各种超级脑力工作机器，却没有能思考的机器。

图灵的预言中包含两个侧面。他既是在前瞻 2000 年的计算机的形态，也是在预测 2000 年的人类对拥有思维能力的主体的种种看法。图灵承认，与他同时代的人并不愿意让计算机跻身“心灵俱乐部”，因为计算机外表上看起来并不像思维主体。但他坚称，我们必须规避这种偏见，不能以有色眼光去看待那些无法“在选美竞赛中艳压群芳”的潜在思维主体。图灵期待我们的态度能够转变，他期待“到了20世纪末，人类的用词和普遍的观点将发生翻天覆地的变化，人们得以对机器思维侃侃而谈而不必担心被驳斥”。

但我们现下对于“思维”的言论、理念似乎并未像图灵预期的那样发生了巨大改变，并且我们也不企盼未来任何时候发生此类变化。后图灵时代已经见证了许多“谈话机器人”或“聊天机器人”的诞生——设定通过文本或声音聊天的计算机程序。智能手机上的聊天机器人能告诉我们好吃的马来西亚餐厅在哪里。美国陆军使用的聊天机器人 Sgt. Star 则是专门解答有志参军的青年人的相关疑问的聊天机器人。关于入伍是否需要父母同意或是新兵是否有机会驾驶坦克等事项，聊天机器人提供的信息都十分翔实。但是，我们不会同意将 Siri（苹果智能手机语音助手）或 Sgt. Star 列为“心灵俱乐部”的新成员。2011 年，Siri 的问世是苹果手机实现的一大飞跃，但它却不是区分苹果手机有无思维能力的标志。

苹果公司与美国陆军对于打造能通过图灵测试的机器毫无兴趣。那让我们想一想那些明确是为了通过图灵测试而开发的聊天机器人吧。勒布纳奖（The Loebner Prize）是为那些将图灵测试从思维实验转变为智能机器人实测的竞赛获胜者所设立的。参赛机器人与人类评判者展开文本形式的对话,人类评判者负责判断交谈对象是人还是聊天机器人。此奖项始于1990年,起初的交谈时间按照图灵的规划设定为5分钟。到了2010年,对话时间加长,赛事难度升级,评判者可以通过长达25分钟的文本对话试探对方,以确定对方是人还是聊天机器人。每年,该奖项都会颁发给赛事中在各种人类评判者和各种对话策略的考验下发挥得最出色的机器人。斩获勒布纳奖在编程界是非凡的成就。但是,在我们充分反思后,似乎也无意将问鼎勒布纳奖的机器人纳入"心灵俱乐部"。我们并不认为它们是拥有思维能力的机器。

为什么会这样呢?那是因为通过图灵测试来筛选"心灵俱乐部"的候选者很容易产生偏差。仔细思考一下,你就会发现那些专为帮助聊天机器人在勒布纳奖竞赛中有卓越表现而设置的策略其实与我们判断执行聊天程序的机器是否拥有思考能力之间毫无关联。假设你想加入一家上流人士专属的俱乐部,办法之一就是成为上流人士,另一种方法是装出上流人士拥有的气场和做派,而无须真正地成为他们。赫克托·莱韦斯克(Hector Levesque)评论道,图灵测试"将一切砝码都押在了欺骗上。最后,它想知道的已经不是计算机程序能否像人类一样顺利展开对话,而变成了计算机程序能否骗过对话者,让他们相信自己正与一个活生生的人在交谈"。如果你计划用一款聊天机器人角逐来年的勒布纳奖,那么,你最好采用一些策略来分散评判者的注意力,让他们忽略你的机器人身上存在的缺陷。因此,用图灵测试检视聊天对象是否具有思维能力就是问题的关键所在。人类并不会让准思维主体在经过短暂的试用期后就一劳永逸地加入“心灵俱乐部”，相反，我们会不断重新评估这些暂时被纳入“心灵俱乐部”的准思维主体所处的状态。让我们再回到那个上流人士专属的俱乐部的类比中，假意模仿恰如其分的举止、口音或许能让你获得俱乐部的入场券，但如果其他成员不停地对你进行检视，例如，询问“那么，你在伊顿公学(Eton College)时的历史老师是谁?”等，以确保你的确是上流人士，那么，你也瞒不了太长时间。无论是社交俱乐部，还是“心灵俱乐部”，短时的接纳与永久会员的资格都是截然不同的。我们会不断地审视对方。假设你的挚友严重中风，你到医院探望他时发现他需要依靠生命支持系统来维持体征，并且对于周围的一切完全没有反应。此行最令你痛心疾首的事情大概就是你发觉你的朋友不再归属于“心灵俱乐部”了。

随着人类编程水平的不断提高，我们可以推断，聊天机器人与人类交谈者之间的辨识难度会越来越大，这将延长机器人在“心灵俱乐部”中充当临时会员的有效期。但只要我们能够提出让它们露出马脚的问题，机器人的会员资格也就终结了。哪怕我们无暇发问，在“心灵俱乐部”中，机器人也不会如人类一般拥有永久会员资格。这对那些打造仿人机器人的人来说可能无关紧要，只要他们能确信我们不会真的问出此类问题，或者就算我们问了，我们也会倾向于忽略仿人机器人的生硬回答。人类的心理机制促成了这种倾向。因而，我们为何能与逼真的仿人机器人进行亲密互动，这也就不难理解了。

超敏生物探测器与仿人机器人

成功的骗子能让我们心甘情愿地沉浸到他们所设定的场景中，聊天机器人也一样。伊丽莎（ELIZA）是20世纪60年代的一款简易的精神治疗软件，它能利用对话者言谈中透露的信息提问以更深入地了解对方的情况，它在模拟共情领悟力方面成效卓著。以下是一段对话示例。伊丽莎："你今天感觉如何……想聊点什么呢？"对话者："我觉得有点难过。"伊丽莎："你认为感到难过是正常状况吗？"对话者："不，不正常，你能帮助我吗？"伊丽莎："你是希望我能帮助你吗？"当我们卸下问题带来的重担时，我们乐于进行会通过某种方式得到回应的互动。即便我们将最难以启齿的秘密坦诚相告，伊丽莎也不会进行任何的价值评判。如果伊丽莎能够帮我们平复负面情绪，那我们为什么非要毫不留情地指出它不过是无法通过图灵测试的可怜虫，从而将事情弄得一团糟呢？我们只要回顾与思维相关的种种问题，便能轻而易举地断定伊丽莎其实是完全没有思维能力的。但是，当对话者的手指在键盘上敲击的时候，他们已然做好了准备，要与伊丽莎一同营造虚幻的意识。

我们之所以可以同逼真的仿人对话者相谈甚欢或许与人类的进化史有关。进化心理学家假设人类大脑中内置了一种"超敏生物探测器"。在人类所处的进化环境中，当一种生物在侧我们却浑然不觉时，我们所要付出的代价或许是极其惨重的。明明空无一物却误以为身边有什么或许会造成些许不便，但当拿着长矛的仇敌站在我们一边，我们却对此一无所知时，这可能就意味着死亡了。进化赋予了人类在沙沙作响的树丛中和一反常态的自然现象中辨别危险的能力。

一棵树偶然比画出了人一样的动作可能会吓我们一跳，但我们不会就此将它纳入“心灵俱乐部”。我们会再度定睛望去，心里想着“那只是一棵树”。对于一个生物体是否具有思维能力这个问题，我们要区分两种判断——偶然型判断与深思熟虑型判断。许多由“超敏生物探测器”引发而被归结为思维能力的偶然型判断与关于思维的深思熟虑型判断是不同的。“超敏生物探测器”分不清真假思维主体。采用“聊天”策略的机器人或许能斩获勒布纳奖，但它们在“心灵俱乐部”却只能是过客，当我们对它们有了进一步了解后，我们随时都会将它们淘汰出局。人类会对所有迈入“心灵俱乐部”门槛的会员进行不断的检视，而21 世纪 20 年代的勒布纳奖得主很可能禁不起这般推敲。勒布纳奖赢家很快就会如 Sgt. Star 和伊丽莎一样，成为“心灵俱乐部”的弃子。

当你没有遵照车辆的导航系统的提示拐弯时，你很难忽视系统应答声中流露出的失望情绪。导航系统机械地回复“路线重新规划中”，但你听到的却是“路线重新规划中……唉”。关于思维的既定观念告诉你，你的车并不会因为你没听从导航系统的建议而真的感到沮丧。汽车没有思维能力，也就不会感到失

望。要对是否应当将机器人纳入“心灵俱乐部”一事做出深思熟虑型判断，我们所要调动的信息可不仅是与商用聊天机器人进行简短的聊天，比如与勒布纳奖得主进行 25 分钟的交谈就能够涵盖的。当你得知对话者运用了莱韦斯克所说的那些欺骗策略来分散你的注意力，让你忽略其机械特征之后，你就会迅速撤回当初请它加入“心灵俱乐部”的邀约。

我猜测人类对进一步升级商用聊天机器人的人造大脑，以实现其质的飞跃的兴趣并不大。我们兴高采烈地将“心灵俱乐部”的短期会员资格授予未能通过图灵测试的可怜虫 Siri，这对于苹果公司而言是一剂强心针，但同时也意味着相对于提高 Siri 的仿真度，苹果公司或许会优先考虑其他更重要的方面。苹果的顾客想要像与真人对话一样与 Siri 交谈，结果 Siri 却告诉他们最近的药店在哪里。这样的对话至多只能换来“心灵俱乐部”的短期门票。人类的“超敏生物探测器”很容易让我们轻信一台机器拥有思维能力,但我们只会向这种蒙混过关的机器授予短期会员资格。只要稍微深入地审视,我们便会将它们踢出局。或许我们会觉得它们在勒布纳奖比赛中的夺冠场面令人叹为观止,但绝不会认为这些机器人证明了图灵观点的正确性。

现在,关于性爱机器人的争论甚嚣尘上。此前,我提到过社会隔离似乎是这个科技高度发达的社会的一大特征。当下,数字技术被迫扮演着满足人类最私密的需求的角色。利用人类的"超敏生物探测器"意味着充气娃娃的制造商对于如何将产品的仿真度进一步提升可能不是特别感兴趣,他们更在意的是增加各种能够直接迎合购买者欲望的特性。顾客更愿意花大价钱购买能够满足更多需求的充气娃娃,而不是那些能在勒布纳奖比赛中展现优异智能水平的充气娃娃。充气娃娃的购买者大概也不会对能通过图灵测试的充气娃娃口中的五花八门的聊天内容感兴趣,尽管它们谈论的话题十分广泛。当购买者在事后反思时,他们或许会恍然大悟,知道这些充气娃娃是没有思维能力的,但是,他们与充气娃娃相处时太过忙碌了,以至于抽不出太多的时间去思考充气娃娃的人造大脑与真正的有思维能力的大脑之间究竟是不是只有一步之遥。

道德之辨:禁止制造拥有思维能力的机器

我在此前提到过,实用动机才是人类对于人工智能的主要兴趣所在。单是打造拥有思维能力的机器这一理念就令我们无限神往了。但是,目前存在的这些能以仿真方式与人类互动的机器也让我们意识到,人类欣然接受的并不是真正拥有思维能力的机器,而是装载着人造大脑等廉价替代物的产品。顾客无意将充气娃娃推到荧幕前,让它们接受图灵测试。而充气娃娃的制造商则笃信人类的“超敏生物探测器”会淡化充气娃娃的机械特征。

我们认为,在人工智能领域,相较图灵的哲学动机而言,实用动机的重要性要更为突出。这倒不是说,当下无人尝试打造一台具有思考与感知能力的机器。苹果和亚马逊或许不以为意,但美国某些顶尖大学中的才华横溢的学者却是严阵以待,并准备兴致勃勃地迎接来自图灵的挑战。他们想要打造出拥有思维能力的机器。我认为,对于人类思维能力的认知,他们的眼界不能狭隘地局限在通过图灵测试这个层次上。在本章的最后,我要提出反对此项研究的道德层面的思考。在道德高度上,我们有充分理由对是否真要实现图灵的理想——打造拥有思维能力的人造生命体保持谨慎。我们应当叫停人工智能领域中的业余爱好项目,禁止学界构建拥有与人类相似的思维能力的机器。

从道德角度而言,成就人类重要性的品质究竟是什么呢?是我们拥有思维能力。我们拥有七情六欲,因而会悲伤、痛苦。我们擅长理性思考,因此有能力布局谋划,但我们的计策可能也会被别人识破。在与彼此的互动中,我们会竭尽全力地去规避痛苦,尊重每个人的计划、方案。假设我们真的造出与人类一样拥有思维能力的机器,那么,这台机器也应当像我们一样,享有道德权利。

当你决定让一种在道德上很重要的生命体从你手中诞生时,你就会想要去满足它的一切需求。但是,实用动机与道德准则毫无关联。出现功能障碍的机器学习者或许会影响已存在的生命体,但我们却不会为了要弄明白机器要履行怎样的特定责任而伤脑筋。我们不认为机器学习者会拥有七情六欲。它能够在海量数据中甄别既定模式凭借的并不是通过理性思考形成的计划与方案。如果我们对最新打造的执行"抗癌 X 计划"的智能机器不太满意,大不了拆掉它就好,根本不用担心对它有道德上的亏欠。我们对待智能机器的方式与当初对待"深蓝"的方式一模一样。"深蓝"就是那台 IBM 公司生产的,在 1997 年击败国际象棋冠军加里·卡斯帕罗夫的计算机。曾经构成"深蓝"的众多齿条的其中之一现在正一动不动地躺在位于美国华盛顿特区的美国国家历史博物馆中,被陈列在信息时代的展厅里。从来没有人想过让"深蓝"以另一种方式功成身退——安顿好它的晚年生活,让它继续闲适地下象棋,不再饱受事业如日中天之时的压力困扰,并以此来答谢它所做出的卓越贡献。然而,我们丝毫不会认为我们没有选择这么做有什么不对。

但是对于图灵期望打造的这类人造生命体,我们的态度和做法就应当审慎得多。像人类一样拥有思维能力的生命体在道德上也很重要。只有在假设自己能够满足人造生命体需求的基础上,我们才能迈出下一步。这是肩负道德责任的父母对于子女应当有的态度。翘首盼望第一个孩子降生的父母通常都幻想着自己能够迎难而上，满足这些由他们一手带到人世间的宝贝的所有需要。这些父母会汲取丰富的知识，学习如何让孩子快乐成长。遗憾的是，有些父母对此类知识熟视无睹，但这些知识无疑是存在并可以为他们所用的。可是，当我们谈及人工智能领域的哲学动机的核心关注点——实验生命体时，我们并没有十足的信心。

打个比方吧，鉴于我们目前已经识别了可以影响人类智商的基因组序列，我们就不禁好奇，是否可以通过基因编辑技术修改人类胚胎中的相关基因序列，以显著优化人类的健康状态。这些实验或许包括要额外添加被认为能影响人类智商的几组基因序列。诚然，经过合理编辑的基因也许能够帮助我们诞下更聪明、更快乐的孩子。但是，在着手进行这类实验之前，我们却退缩了，而我们的退缩也完全在情理之中。因为只有在能够确定这类实验不会造成悲剧和痛苦的前提下，我们才会肩负起打造实验人类的重担。在举手赞成此类实验之前，我们会要求进行大量的体外实验与动物实验，而不会仅满足于听信基因工程师信誓旦旦的许诺——一旦实验成功，他们便会倾尽一切力量保证他们所创造的孩子一生平安喜乐。对我们而言，采用类似生物进化中物竞天择的方式来对待新型人类——对新型人类施以随机性的改变并通过自然选择淘汰掉失败的产物，这种做法从道德角度上看是令人难以接受的。我们不能在明知取得彻底成功之前，实验会造成数代基因改良失败者的悲剧和痛苦的情况下进行实验。同样，对于第一代具有感知能力的机器，我们也应当慎之又慎。

对于图灵立志要打造的这种生命体，我们的态度应当与对待那些意识形态低级的人造仿真生命体的态度截然不同，例如，那些意识等级与蟑螂无异的人造机器。我们要知道实验性质的人造蟑螂在问世之后或许会遭遇坎坷，但与这些负面体验相伴的道德意义却不值一提。就算是不慎溜进人工智能研究实验室的蟑螂被消灭得干干净净，可能也很少有人在意对于蟑螂而言被赶尽杀绝是什么滋味。同样，试图打造人造蟑螂的研究者在处理他们的实验失败品时也能面不改色。但与低端人造生命体相比，人工智能研究者力争实现图灵的构想，打造像人类一样拥有思维能力的人造生命体，这种做法将会为人造生命体带来的痛苦则完全属于另外一个量级。

有一种方法能让我们在完全接纳人工智能的前提下规避这类道德代价，那就是将实验范畴限定为制造无思维能力的脑力工作机器。

结语

本章深入探讨了人工智能的分裂人格背后隐含的意义。哲学动机为电脑工程师设定了以打造拥有与人类类似的思维能力的人造生命体为导向的目标。我认为图灵测试无力区分真假思维，而且假性思维为售卖仿生数字设备的销售商勾勒了商业宏图，并使销售商将人类的“超敏生物探测器”纳为己用。在人工智能领域，以开发能完成脑力工作的机器为重点的实用动机则规避了诸多棘手的问题。我们已经造出了许多在完成脑力劳动方面比人类更胜一筹的机器。数据作为数字时代专属财富的突出重要性进一步深化了实用动机的主导地位，令其凌驾于哲学动机之上。最后，对于立志打造能像人类一样进行思考的机器这一构想，我发出了道德预警。这些诞生于实验室的生命体可能会遭受巨大的痛苦，因为可以预知的是，我们无法满足它们的各类需求。所以，我们对于这一构想应当保持谨小慎微的态度，就如同我们在面对通过基因修改实验来改良子孙后代的提议时很谨慎一样。

我在本书中着力主张的人类思维与人工智能之间的关系其实与图灵构想中的完全不同。图灵将思维能力设立为人工智能领域的标杆，但这一点我并不认同。我认为，人类的思维能力是专属于人类的品质，它证明了人类在人工智能的浪潮中还有存在的价值，我们不能任由它在这场大潮中被席卷、吞没。我们的大脑对世界有特殊价值。我们应当将机器进军脑力工作领域的举动视为潜在的危机，因其能完成人类凭借思维能力完成的各项事务。

第三章

数据:一种新型财富

在人工智能领域,相对于图灵的哲学动机——打造如人类一般拥有思维能力的机器,实用动机已经呈现出了全面压倒性的优势。能够通过图灵测试的机器是科幻电影的伟大立题之本。但是从重要性上而言,这种机器远比不上那些可以完成脑力工作的产品。位于数字革命前沿的"智能"应当体现为"抗癌X计划"之类的智能机器具有人类难以企及的智力水平,而不是科幻电影中充满了人格魅力、认知能力超群的全能型选手。实用动机以承担脑力工作为核心,其重要性日益凸显。当我们了解到数据是数字革命时期典型的财富时,这种动机的重要性便不言而喻了。数据是指以数字为载体,储存于电脑中且经由电脑处理的信息。获取并利用数据是谷歌、脸书、亚马逊与其他科技行业巨头眼中的头等大事。

在本章,我主张将数据视为数字革命时期特有的财富,其真正的潜力正通过人工智能渐渐释放出来。与此前的各色财富相比,数据的系统性更强,等级更高。数据的这种特性在当今的富豪榜上一览无余,能够跻身榜单的皆是数据股份占比庞大的公司掌门人。新型财富的引入是技术革命时期独有的特征。想一想由石油所书写的西方文明历史吧。工业革命将此前仅具有边际经济价值的石油变为一种重要的财富。在工业革命以前,某些美洲土著会用石油涂抹独木舟上的木板,或通过添加石油来调制各种疗效有待验证的药物。但是到了工业革命时期,如何寻找、控制并开采石油却成了一切形态的社会的关注焦点。

有些人对新型的财富更为敏锐。数据等于财富的全新理念在人群中激起了强烈的不公平感。那些在早期便意识到数据即财富的人凭着自己的远见卓识与他人进行了交易,未来的舆论势必要声讨这种有失公平的做法。但工业革命也给了诸多不公平的交易以可乘之机。例如,穷困潦倒的得克萨斯州农民在收取了我们现在看来的蝇头小利后就出卖了蕴藏在自己土地之下的石油的所有权。思维滞后者必须在经历一段痛苦的情感与心理调适期后才能最终领悟新型财富的重要性。

数据何以成为财富?

数据是数字革命时期引入的一种财富变体,是数字时代的典型特征之一。我这里所指的财富包括一切有市场价值、交换价值与生产价值的物品。财富是极其多样的。在狩猎采食社会中,财富就包括采集的坚果和水果、屠宰过的动物尸体,以及长矛与投矛器。农业社会中的财富可以是庄稼、种植庄稼的土地、饲养的家禽家畜、圈养家禽家畜的围栏、搭建在公社上的房屋等。工业化社会中的财富包含了工厂、搭建工厂的土地、商业企业的股份、煤、石油等。我们可以看到,每个时代最主要的财富与当时的技术集成包密切相关。新石器时代的财富是新石器时代农业用具的使用对象,而数据作为一种新型财富则对应数字时代的技术集成包。

我明白,"财富"这一概念包含了某种排他性。如果我或是

我的族群圈占了一些土地,并视之为财富,那么我们的目的就是要禁止你或你的族群效仿我们的行为。我们可以想象那些万物都无法达到成为财富的标准,从而根本不存在财富的社会。在这些虚构的社会中,没有任何个人或群体会宣称其对任何物品享有独占权。但是,每种形态的人类社会似乎都垂青一些堪为财富的物品。在一些社会中,财富仅限于实物,例如辛苦打制的投矛器或是新近采摘的浆果,而在另外一些社会中,财富还可以是位于遥远大陆上的房地产。

正如本章后续内容中所呈现的那样,排他性的概念对数据作为一种财富的地位造成了冲击。数字革命的乐观主义者提出,“非排他性”是数据的典型特征之一。数据是信息,能令我受益的信息同样也能令你受益。我的观点是,信息可以由个人或群体所独占,并足以成为数字革命时期典型的财富。苹果、谷歌与脸书的庞大财富都建立在持有海量数据,且预计能通过人工智能开发这些数据的前提之下。在本章的后面,我将驳斥所谓数据不能满足排他性标准,因为数据“希望自由流通”的观点。

从本质上而言,新型的财富与现有的财富之间是不连续的。你需要利用最新的技术集成包来兑现财富的价值。如果你所处的社会没有实现联网的数字计算机,那么,数据就只能是信息,你仅能借助你与朋友的记忆力来加以利用。只有经过数字计算机的处理后,信息才成为了数据。

一种新型财富的引入会大幅降低先前存在的财富的重要性。新崛起的技术集成包会提高财富的等级。但数字革命并不会令现有的财富退出历史舞台。持有新型财富对于富豪而言,其意义远胜于持有不动产之类的非王牌系列财富。土地是一种财富,但与新型财富——数据相比,却已是明日黄花。大势已去的财富将继续存在,但重要性已经大不如前了。相对于持有旧型的财富,手握新型财富会更有价值。我们权衡一个人是否可以被称为富豪的标准往往是他是否拥有新型财富,而非是否拥有那些老掉牙的财富。

最新的技术集成包创造的财富与已经陈旧的技术集成包所创造的财富之间的关系反映在我们用于衡量财富的价值体系中。数字技术公司称霸企业富豪榜。数字革命在以光速造就亿万富翁。约翰·D.洛克菲勒(John D. Rockefeller)凭借足智多谋与左右逢源,倾其一生积累财富。年轻的软件工程师凯文·斯特罗姆(Kevin Systrom)和迈克·克里格(Mike Krieger)在从美国斯坦福大学毕业后的几年之内就创建了社交平台"照片墙"(Instagram),并以10亿美元的价格将它卖给了脸书(一家定位精准,十分清楚自身价值的公司)。这一切都发生在照片墙问世后的一年半时间内。卓越的财富增值模式往往源于最新的技术集成包中涵盖的各项技术。工业革命创造了世界上的第一批亿万富翁,而数字革命则令坐拥亿万家财的富豪司空见惯。

2015年2月,苹果公司成为美国第一家市值超过7000亿美元的公司。在数字革命到来之前的数十年中,用来衡量商业巨头间相对地位和财富的形式与当今的衡量方式有很大不同,如果我们用前者对苹果公司进行评估的话,苹果公司的财富持有量是相对较少的。它并没有拥有很多的不动产。比起数字革命以前的时期，在数字革命时期，持有土地对于财富数量级的影响力已经大不如前。给一位农民更多的可耕地当然还是可以直接增加他的财富值。现在，最有钱的个人与公司的确还持有陈旧的财富，但他们往往愿意以数字革命产生的新型财富来计算自身资产。亚马逊的创始人杰夫·贝索斯(Jeff Bezos)在得克萨斯州西部拥有一块面积达16.5万英亩[①]的农场，偶尔，他会用这片农场来为他名下的一家航空制造与航空服务公司“蓝色起源”(Blue Origin)进行发射测试。但是这片广阔无垠的土地所产生的收益却对2018年贝索斯拿下高居世界富豪榜第一位的成就没什么助益。贝索斯的孩子们不会靠吹嘘他们家所拥有土地的面积占得克萨斯州总面积的百分之几来炫耀父亲的财富。拥有宽敞的房屋、广阔的农场自然是件乐事，但这些东西往往是富人用他们的财富去获得并享受的，而不直接构成财富本身。

想一想那句风靡一时的流行语“数据是新型石油”。1与0的排列组合与在自然状态下呈现为黄黑色液体的碳氢化合物混合物之间存在着巨大的差异。数据与石油的相似之处存在于更高的功能性层次上。自从将煤矿挤下神坛以来，石油就一直位居工业革命各项进步的核心位置。石油与内燃机相结合，彻底地重塑了人类的生活。石油的核心地位使巨额财富的积累成为可能。数据现在也扮演着与石油相同的角色。谷歌公司的财富

① 1英亩≈4046.86平方米。——译者注

就蕴藏在它不断收集的用户信息数据中。

将数据与石油放在一起等量齐观也使得我们可以推演其他的类比形式。比如,继“数据是新型石油”而来的就是“分析学是新型的冶炼厂”。这里的“分析学”指的是现在应用于海量数据分析并从中汲取知识的计算技术的集合,体现的是人工智能领域的实用动机。在冶炼技术被发明之前,石油只是偶尔渗出地面的,可以用于治疗烫伤及涂在独木舟上起防水作用的黄黑色液体。一旦经过冶炼分离成煤油和汽油后,石油就成了工业革命的推动力。有人认为更大的硬盘能够储存更多的信息,这种想法一点也不让人们感觉出乎意料。数据石油与人工智能时代的数字冶炼技术强强联手才能真正带来重大变革。

在数字革命崛起的前几年中,最傲人的财富来自物品的销售。谷歌的“广告联盟”和“关键字广告”项目赋予了商贩前所未有的能量,让他们能够发掘有意愿并且能够为他们的服务或商品买单的顾客。但这只是开端。一旦与数据结合,机器学习的各类强大工具的应用前景就远不局限于将法律服务推送给有需要的人。就我们可以如何利用数据理解并掌控整个世界而言,商品销售只触及皮毛。

这种新型财富的重要性不仅仅体现为富豪榜上的席位,以及庞大的农场或宅院。在2017全球亿万富豪榜上,马克·扎克伯格位列西班牙纺织业与零售业巨头阿曼西奥·奥特加(Amancio Ortega)之下。但正是财力略微逊色的扎克伯格在2016年8月意大利地震后造访当地,一时间引发举世关注。扎克伯格会见了意大利教皇，据美国有线电视新闻网报道，“他们(扎克伯格与意大利教皇)就如何利用通信技术帮助人类尤其是弱势人口消除贫困，促进文化碰撞交流及传递希望等话题进行了亲切的会谈”。扎克伯格送给意大利教皇一架无人机，表示他愿意利用这项技术让互联网走进全球贫困人口。反之，奥特加则不太可能与教皇会晤，谈论如何运用他旗下的飒拉(ZARA)品牌的商业模式来帮助撒哈拉以南非洲地区的人们脱离贫困。沃伦·巴菲特(Warren Buffett)是著名的投资大师，他立志要将其所拥有的巨额财富捐赠出去。但是，人们不会指望巴菲特改变世界。巴菲特或许比扎克伯格财力雄厚，但他的文化影响力却大不如扎克伯格。

不公平感与新型财富

王牌财富的引入往往会让人产生强烈的不公平感。有的人对于声势渐起的财富的触觉比他人敏锐，他们利用机遇进行交易，但这些交易事后会被认为有失公允，尽管在交易达成时并没有人觉得有何不妥。

20世纪初期，有人在美国中西部和南部各州的农用地之下发现了大量的石油资源。那些对石油在工业革命技术集成包中的核心地位了然于心的人想利用农民不熟悉工业技术集成包的特性这一点，趁机以低价获取石油的开采权。在电影《血色黑金》(*There Will Be Blood*)中有个令人难忘的场景：丹尼尔·戴-

刘易斯(Daniel Day-Lewis)所扮演的角色丹尼尔·普莱恩维尤(Daniel Plainview)描述了他打算如何从森迪(Sunday)一家手中低价买下土地,而这个价格根本无法体现这片土地下所蕴藏的石油的价值。他说:"我可不打算给他们出到石油应有的价格,我会给他们鹌鹑的价格。"从这片土地对森迪一家能够产生的价值而言,这个价格已经是无比丰厚的了。但令普莱恩维尤失望的是,伊莱·森迪(Eli Sunday)出人意表地透露出其实他了解这片家族土地下埋藏的石油的价值。

这些买卖的确都是经过双方首肯的,我们又该如何看待这一事实呢?似乎这种交易正是自由市场经济的拥护者极力称颂的。双方事后都信心十足地认为自己在交易中占到了便宜,但其实,其中一方却从另一方无法获取的信息差中牟利。20世纪初期的农民为通过出售流淌着石油的土地而获得的收入洋洋自得,就像是有人发现自家阁楼上一幅花里胡哨的画竟然能卖出100美金而乐不可支一样,殊不知买家其实知道那是毕加索的真迹。卖画人当时不会后悔,可是我们不难想象,等到他恍然大悟后会如何捶胸顿足。对于一桩交易公平与否大家都各执一词,但这种分歧本身无法推演出哪一方说的是对的。然而,关于出售油画这件事,卖家也会认为知晓真相后的判断才是合理的。同理,卖出蕴藏石油的土地的贫苦农民事后会对这场交易懊悔不已,虽然当初在交易之时他还沾沾自喜。

农民对深埋于土地之下的石油的真正价值一无所知,他们容易被别人蒙骗,这与如今我们大多数人面对数字财富的情况如出一辙。现在,我们之所以授权脸书掌握自己的个人信息,或是支付费用给23andMe公司,让它获取并分析我们的基因数据,是因为我们并未充分了解这些信息其实就是财富。数字时代的技术集成包不断重塑着我们的眼界。我们将个人信息拱手让给脸书,就像是原始采食者将一块土地的专属权奉送给一位农民,因为这不过是他们广阔的狩猎采食地盘的小小一隅;也很像是20世纪20年代得克萨斯州的农民为了一点蝇头小利就交出了自身所拥有土地中的石油矿藏,因为他们在这些土地上耕种庄稼收获甚微。这两个案例的共同之处是人们未能充分了解所让渡物品的真正价值。

雅龙·拉尼尔将数字小白与谷歌、脸书等公司完成的交易中的不平等书写得淋漓尽致。一位地主会将土地的耕种权赐予农民,因而他也将有权征收这些农民的劳动成果以作为回报。现如今,谷歌和脸书赋予了我们在其数字耕地上劳作的权力,作为回报,他们也将有权收割我们创造出的几乎所有财富。欧洲封建时期的社会架构在今天的我们看来是不公平的,但可能对于当时的农民而言,这并无太大的不妥。我们可以预想,后代子孙如何看待现在的我们,无异于我们现在如何看待中世纪的农民:我们现在认为使用谷歌的引擎搜索技术并将个人数据交付给谷歌是一种对等交换,而中世纪的农民在地主的土地上耕种,因而地主能合情合理地占有他们的大部分劳动成果,这两者在某种程度上是相似的。

现在,当人们下载新版的苹果音乐软件iTunes的时候,他们往往会认为那些使用条款和隐私政策都令人讨厌,必须快速跳过,好早早看到苹果公司为他们提供的免费好物。几乎没有人会愿意花心思去阅读那些承载着我们各类承诺的协议条款。倘若这些文本改换成许诺放弃自己的灵魂或是交出长子长女的话,也可能有不计其数的人点击确认“我同意”,这也就印证了鲜有人会认真阅读协议条款的事实。苹果公司在制定这些条条框框的时候所花的气力远远超过我们思考时所下的功夫。他们全面彻底地调查过相关的法律条款,比如,他们调查过如果一位顾客坚称自己点击“我同意”,只是为了从程序上显示自己读完并理解了协议内容,而其实他根本就没看时,法庭会如何回应这样的申诉。这些公司对数字时代的技术集成包所产生的财富了然于心,因而也对他们要从我们手中索取的东西的真正价值心知肚明。他们无偿地获得了我们的数据的专属权。

马克·扎克伯格铿锵有力地说:“我在努力打造一个更为开放的世界。”他在兢兢业业地设定一项全新的信息共享式社会准则。一位行业的领航者说出的话竟然与那些心灵导师的言论别无二致,这倒也不赖,仿佛在开场白过后大家就要进行集体拥抱了。但是,如果你对数字时代的技术集成包有所了解的话,你就会发现扎克伯格所说的其实与传统商界人士身上体现的雄心壮志——谋取巨额财富相差无几。脸书惊人的资产值正是建立在占有我们所分享的一切信息的基础之上的。脸书深知我们分享的信息越多,他们获取的信息就越多,其道理就如同酒吧老板心里清楚,免费的咸味坚果上得越多,啤酒的销量就越好一样。扎克伯格大言不惭地表示脸书旨在“打造一个更为开放的世界”，这倒有些像是在说下带饵的鱼钩的目的是喂鱼。

2015年，23andMe公司召开了一次新闻发布会，宣告其客户人数达到了100万。“上周，我们为第100万名客户检测了基因型。你们都是推动变革的100万人中的一分子。100万不仅仅是一个数字，它还是一个转折点。我们正在掌控自身的数据，拥有我们的个人信息所有权。我们坚信更透彻地了解自己不仅能惠及自身，更能造福社会。”这番话中的“我们”与“我们的”的指代主体有些含糊，可以被理解为“我们(23andMe公司)现在拥有我们(你们)的数据的所有权”。这种解读方式在23andMe公司的客户急不可耐地点击跳过的具有法律约束力的协议的行为中得到了充分的展示，协议中声明，“通过提供样本……你无权享有任何由23andMe公司或其合作单位开发出的研究成果或商业产品”。23andMe公司期望能在与生物制药行业的合作中攫取大量的财富。无论如何，它都不会想着要与那些花钱求着将自身数据奉送给23andMe公司的人一起分享财富。23andMe

公司认为，奉送自身数据的人应当感恩戴德，感谢23andMe公司推出了可以由个人或保险公司出资购买的新型疗法和测试。

数据需要自由吗?

或许我们展望一下远景就能为确认脸书、23andMe等公司将一切个人数据占为己有并视之为财富的行径增添几分砝码。在字里行间将数据等同于财富的做法似乎在挑战数字革命时代最为口口相传的智慧信条之一。《全球概览》(*The Whole Earth Catalog*)杂志的创始人及科技评论人斯图尔特·布兰德(Stewart Brand)曾经有一句经典名言，“信息需要自由(free)”。这里的“free”应当从广义上去理解，它指的并不是“价格”上的免费。理查德·马修·斯托曼(Richard Matthew Stallman)是赫赫有名的自由软件之父，他对此做出了如下阐释，“这里提到的‘free’并不是针对价格而言的，而是指能自由地复制信息并将之纳为己用……”我们要将“free”中的自由(libre)与免费(gratis)两层意思区分开。根据斯托曼的说法，“free information”(自由的信息)一词中的“free”与“free speech”(自由的言论)中的“free”同义，与“free beer”(免费的啤酒)中的“free”意义不同。但是“free”一词的两重含义也是相互关联的。如果数据是自由的(libre)，那么想要为它明码标价也就行不通了。或许你因为买家利用你的信息达成了某种目的而向他们收取费用，这是合情合理的，但如果你只是将信息的掌控权让渡给买家的话，那你就不能收费了。

布兰德的观点其实由来已久,可以追溯至美国前总统托马斯·杰斐逊(Thomas Jefferson)关于新想法的零成本社会效用论。“任何从我这里接收到想法的人,接收到的是属于他自己的教诲,丝毫不会影响到我;就如同他借用我的蜡烛点燃了他的蜡烛一样,他得到了光明,但这不会令我的烛光黯淡分毫。”由信息催生的产品被经济学家称为“非排他性产品”。如果我知道一些引人入胜的天文知识,了解这些知识本身就能令我愉悦。就算你也通晓了这些知识,我由此产生的愉悦感也不会打折。如果你知道如何烘焙一款美味的意式千层面,就算你把这些信息都传递给我,你的厨艺也不会下降,并且我们俩都能尝到好吃的千层面。信息的非排他性意味着信息可以简单地进行人际思维的传播,而这种自由传播完全不会影响任意一方的效益。当信息被视为数据时,其传播也会更加自由。成为数据的信息可以被完美复制。手抄古代经文的僧侣偶尔也会因倦怠或走神而错过一些关键细节,他们无法十全十美地传播原文中蕴含的信息,而以数据形式传递的信息则可以被完美复制。互联网让这些毫无任何失真之处的复制版本得以在按钮被点击的瞬间被传送至千里之外。

一些数字时代最美好的愿景就建立在信息的非排他性的基础之上。如果信息能够不为人独占并被用于提高人类生活水平,那么,数字革命仿佛就预示着人类将迎来史无前例的飞跃。鼎鼎有名的美国经济与社会评论家杰里米·里夫金企盼数字技

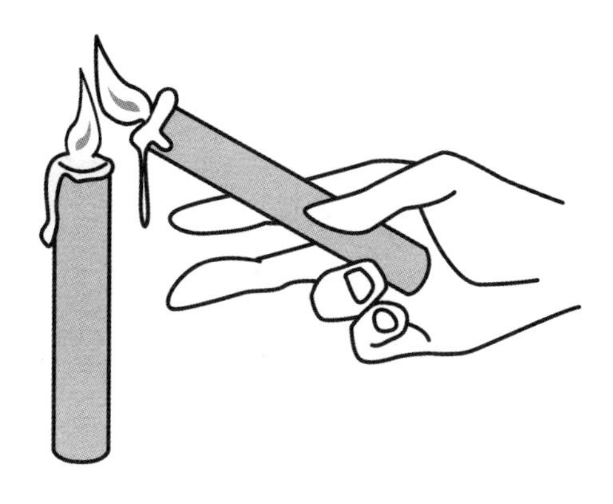

术能够创造出一种“协作共同体”(collaborative common)。他说：“资本主义市场建立在自我利益的基础之上，它受物质利益驱动，而社会共同体则是由协作利益激发而生的，是由与他人建立联系并共享利益的深层次愿望驱动的。”里夫金随即谈道：“随之而来的结果是市场中的‘交换价值’日益被协作共同体中的‘共享价值’所取代。”在他的数字共同体中，我们可以四处游走，点燃彼此的蜡烛，但自身的蜡烛闪耀的烛光丝毫不会变得黯淡。这种光芒的免费交互让人人都获得了光明，燃起了名副其实的篝火。技术评论家兼《连线》(*Wired*)杂志的创刊执行主编凯文·凯利也对数据共享理念憧憬无限。他期待数字革命能够转变人们的观念，实现从占有到共享。以共享为核心的经济得以让我们实现“数字社会主义”。在凯利描绘的数字社会主义未来中，我们将利用数字技术创造并广泛共享各种各样的新型福利。

这幅展现全人类数字化未来的图景虽然令人心驰神往，但它忽略了数字革命的某些重要特征，而我们正期盼能够与这些特征携手同行，一起步入数字时代。让-雅克·卢梭(Jean-Jacques Rousseau)有一句名言："人生而自由，却也无往不在枷锁之中。"我们恰好可以用网络上对这句话的戏仿之言来驳斥布兰德的"信息需要自由"论，那就是，"信息生而自由，却也无往不在枷锁之中。"如若我们竭尽全力地把信息打造为具有排他性的产品，那它就会呈现出排他性。我说的"竭尽全力"是指制定并履行对信息施加约束力的法律，将信息变更为财产。当下的各大公司都宣称对自身的数据享有专有权益。他们支持打击信息自由化(或称之为偷窃)的法律法规，如果信息是自由的，这些法律便难以为继。

我们认为数据需要自由，就如同认为被视作财产的土地或其他有价物需要自由一样。数字水印旨在将印记标注在容噪性数据，例如音频、视频和图片上，以明确标识其出处或所有权归属。《星球大战：原力觉醒》(*Star Wars*: *The Force Awakens*)使用的数字水印想表达的大概是"这是华特迪士尼公司(The Walt Disney Company)的专属财产"。科里·多克托罗(Cory Doctorow)指出，对于内行人来说，要去掉数字水印轻而易举。"想要去除数字水印的人只要将一份文件的两个或两个以上的版本放到一起，一个字节一个字节地进行比对，查看每个版本中字节有出入的地方，然后将这些字节打乱就大功告成了。"我们可以推测，那些最急于制成盗版《星球大战》系列电影的人很可能拥有此项技术的相关知识。但是，规避所有权并不意味着所有权就真的消失不见了。偷窃从人类宣布财产所有权的第一天开始就存在于人类的社会生活中。我们要将这些产权声明的价值放到其被昭告天下时的社会语境中考量。见不得光的盗版《星球大战:原力觉醒》并不会赋予它的盗版者任何与受法律保护的公认所有权相伴的利益。许多产权声明都假定了愿意并有能力履行这些声明的国家是存在的。

那么,对信息的长久性约束该如何维系呢?民主制度的倡导者承认,暴政可以在短期或中期内压制全体民众对自由的强烈向往。独裁者可以雇用更多的秘密警察,以更丰厚的财富贿赂将领,但其独裁统治最后往往以失败告终,其中一个原因就是他们最终会耗尽资源,无以为继。而这似乎就是导致2011年埃及铁腕人物胡斯尼·穆巴拉克(Hosni Mubarak)失势的原因。富庶的民主国家发觉支持胡斯尼·穆巴拉克所付出的政治代价过于高昂,并且已经不能再以一句"至少他站在我们这一边"这样的声明为借口就对穆巴拉克的种种不义行径既往不咎了。一旦金钱停止了流动,暴君就没有足够的金钱去打赏数量日益庞大并已经察觉到大势已去的亲随心腹。

那么,目前这些想要独占数据的努力一定会付诸东流吗?脸书和谷歌为获取并操控我们数据而付出的努力是否终将不敌誓要重新夺回曾经属于我们的一切的强大集体意志?这个问题的答案在一定程度上取决于通过独占信息,这些公司究竟能从中获利多少。今天的各种版权保护措施与打击数字盗版的庭审案件是软件与媒体公司意图独占信息而上演的孤注一掷吗?我们是否可以将其与穆巴拉克政权的最终垮台或是阻止东德人造访西德的柏林墙的最终倒塌这两件事同等看待呢？独占信息的人或许能取得零星几次胜利，但他们无力改变数据向自由方向转变的长远轨迹。

那些枉费心机捍卫专制政权的做法与目前科技公司施行的独占数据控制权的行径之间是有区别的。那些试图操控数据的人在短时期内并不太可能会因资源耗尽而被迫放弃操控数据，而这单纯是因为独占数据所获得的利益极其丰厚。这些利益会催生政治支持并供养庞大的法律团队。盗版是令数据独占者头疼的问题。那些非法复制了《星球大战：原力觉醒》的人不会花钱去看这部电影，但是我们必须区分两者在程度上的不同：盗版所降低的收益还未严峻到使独占数据的行径无利可图。即便华特迪士尼公司有先见之明，知道影片《星球大战：最后的绝地武士》(*Star Wars: The Last Jedi*)会遭遇盗版，但它依旧预期能从影片中获取可观的利润。如果无法获利，它断然不会在2012年斥资40亿美元收购卢卡斯影业(Lucasfilm)，而会选择把钱包捂得紧紧的，让某些州用自己的税收收入来购买价格分外昂贵的公共物品——《星球大战》的续集。只要有人声称财产私有，就会有人钻营偷窃。诚然，由于盗匪过分猖獗，就算大声疾呼财产私有也完全无济于事的情况也是存在的。电影《疯狂的麦克斯》(*Mad Max*)描绘了一个后启示录般的世界，在那个世界中，维护财产私有权似乎完全没有意义。但到目前为止，数据的私有化依然存在，我们还未陷入影片中所描绘的境地。今天，合法的数据所有者都还发展得顺风顺水，他们也对此感恩戴德。古往今来,并没有哪项法律能为财产提供完美周到的保护。但是在如今的诸多社会形态中,有一些物权法运作良好,足以让人们在社会公认的产权主张中高枕无忧。只要能够不断衍生出可以自足的充沛资源,数据私有化就能够生生不息地存在下去。版权保护产生的可观的效益可用于雇用律师和游说政客。因而,从总体上而言,数字盗版的影响力还处于边缘地位。

我们应当警惕,不要从趋势中得出错误的推论。凯文·凯利提出,“盗版的泛滥成灾是势不可挡的”。我们应该如何阐释这种说法所涵盖的范围呢?很可能点点滴滴的数据最终都难逃被自由复制的命运。我们可以假设,在20年后,盗版的《星球大战:原力觉醒》可能将随处可见。如果在2038年,未来的你燃起了一丝怀旧之情,想重温一下这部电影,届时你可能会不太愿意为观影而付钱给版权所有者。你也许会立刻在惯用的数字设备上点播观看。但是现行商业模式与数据的最终走向是并行不悖的。华特迪士尼公司在一定的时限内就会赚得盆满钵满,在这段时期内,它可以高效地独占构成这部电影的数据。这就好比如果在可自由掌控的期限中,你能靠着位于东京的一处顶级豪宅日进斗金,那你也没必要拥有这座豪宅一辈子。

谷歌、脸书与23andMe都明确宣告对于自身数据拥有专属所有权。它们可以获取的利益的多少取决于它们禁锢数据的能力的大小。谷歌十分乐于让你免费使用它的搜索引擎,但你试试拿着一个(容量十分巨大的)硬盘到它的总部去,让它把从我们万亿次搜索中提取出的数据拱手相让。你口口声声呼吁着要遵循的“数据需要自由”的原则，很可能得不到半分回应。这就如同你要去跟约翰·D. 洛克菲勒争辩，声称他家冶炼厂中提炼出来的石油需要自由流动一样，对此，他必定无动于衷。

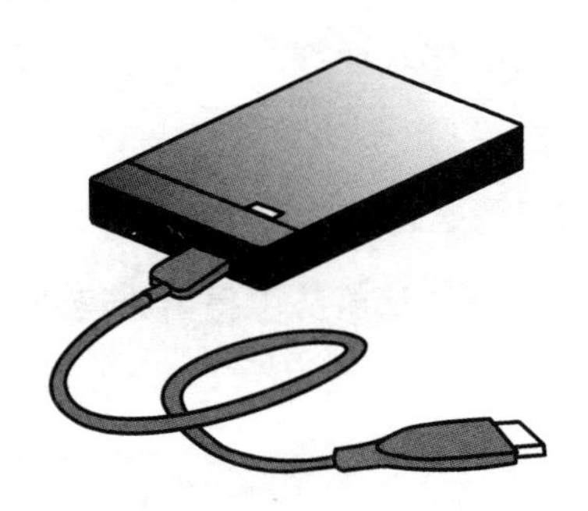

以其人之道，还治其人之身：谷歌、脸书等公司想用我们的数据是否要支付小额酬劳？

根据雅龙·拉尼尔的说法，脸书的用户不过是为马克·扎克伯格这位封建领主耕耘劳作的农户。中世纪的农民怀揣的观念是，既然他们从地主手中获得了耕作权，那么地主占有他们的劳动成果也是合情合理的。对于地主允许农民在其土地上耕种，农民都感恩戴德。拉尼尔告诉我们，脸书用户对待脸书的态度也是如此。脸书允许我们耕耘自己的页面，这让我们心存感激，于是便精心打理页面，定期更新状态或上传可爱的视频，而脸书则将我们创造的价值收入囊中。

根据 2015 年的数据，脸书用户带来的人均广告收益达到了每年12.76美元。这个数目看着不大,但如果乘上脸书的用户数——截至2017年第4季度,其每月的活跃用户数高达22亿,那情况就大不相同了。2016年,安东尼奥·加西亚·马丁内斯(Antonio Garcia Martinez)出版了《混乱的猴子:硅谷的肮脏财富与随机失败》(*Chaos Monkey: Obscure Fortune and Random Failure in Silicon Valley*)一书,其中详细叙述了脸书的企业式狂欢,并将脸书的广告收入描述为"任意物品乘以10亿以后数目都不小"。脸书拥有的用户逾10亿,哪怕其中只有极小比例的人对它推销的商品感兴趣,脸书能获得的收益也不容小觑。当我们认为用户个人向脸书贡献的金额微乎其微时,我们便要牢牢记住22亿这个数字。

拉尼尔指责以网络为基础的各类产业,即平台业务的弊端趋势:将财富聚集到全球少数集互联网为大成的行家手中。拉尼尔说:"网络需要大量的人参与其中,这样才能产生可观的价值。但当人们参与进去时,却只有少数人获得回报,由此便产生了财富集中以及限制整体经济增长的净效应。"根据他的说法,对于以中产阶级为中坚力量的经济形态而言,经济成果的分配应当呈现为贝尔曲线(正态分布),应该与其他可衡量的品质(例如智商)的分配形态相似。但遗憾的是,新型的数字经济与更古老的封建经济或强盗贵族经济类似,其所形成的分配形态经常呈现为'恒星系统'而非贝尔曲线。在这个恒星系统中存在着一些扎克伯格和贝索斯式的人物,他们在新兴的数字经济中扮演着泰勒·斯威夫特(Taylor Swifts)或是贾斯汀·比伯(Justin

Bieber)的角色,这些人将系统中的绝大部分财富都收入囊中了。这种财富集中化趋势将对中产阶级造成灾难性的影响。

拉尼尔给人留下的印象极其深刻,他是一位留着脏辫的虚拟现实先锋,业余时间会吹奏、弹奏各色具有异域风情的乐器,比如老挝的口琴、印尼的长笛和印度的吉琴,外表上看起来一点都不像是中产阶级的拥护者。但是,他拥护中产阶级的目的与那些政客截然不同。政客捍卫中产阶级的"价值观"是出于功利性的考量,是为了赢得整个阶级的拥护与选票;而对于拉尼尔而言,从财富创造的长远角度来看,中产阶级的存在对穷人来说意义重大。穷人或许不会从未来的中产阶级减税政策中获益,但从长远来说,中产阶级的持久存在与健康发展是极为重要的,因为那代表了一条路,一条穷人能够借以摆脱贫穷的道路。穷人可以期盼,通过接受适当的教育,他们的孩子便可以跻身中产阶级。然而,备受争议的中产阶级空心化问题则关闭了穷人子女的上升通道。许多现在的中产阶级将来会堕入贫穷,而仅有万里挑一的少数人有机会跻身数字财阀的阶层,因此,实现从穷困到富足的飞跃也将变得愈发难以实现。

拉尼尔为保全中产阶级献出了一计。他提议,"只要我们可以破除所谓的'免费信息'观念,转而执行一种普世的小额酬劳系统,一个新型的中产阶级及一种更为真实、蓬勃发展的信息经济就即将到来"。正如我们所见的一样,谷歌和脸书将它们获取的数据据为己有,并从中获取丰厚的利润。或许可以坚称数据为财富的,也不仅仅是它们。在拉尼尔的设想中,我们都将获得数额很小的酬劳，即小额酬劳，每次由你创建并上传的内容被别人使用时，你都将获得的报酬。每次有人使用了你的数据，你便可以获得以不足1美分来计的小额酬劳，这笔酬劳将汇入与你的数据绑定的账号中。拉尼尔以上传视频为例描述了整个运作过程。在数字革命时期，小小的一番运作就为公司带来了极其可观的收益，而在此革命到来之前，同样的操作所造就的财富却是微不足道的。在20世纪80年代后期，除了收集家用录像视频的《美国搞笑家庭录影集锦秀》(*America's Funniest Home Videos*)节目之外，几乎没有一家电视对播放观众录制的内容感兴趣。那时，这还不是一种商业模式，但现在是了。运营我们所访问网站的公司对于我们视其为派发免费小赠品的企业而欣喜若狂。它们设下套路，让我们不假思索地点击某些按键并将自己的数据专属权拱手相让，这样它们就可以自由包装并出售这些数据。而拉尼尔的小额酬劳系统要求这些公司支付给我们的费用正好就是我们的数据为它们创造的价值。拉尼尔说："这就意味着，如果有人将你的视频片段放到他的视频中再度使用的话，你就能自动收到一笔小额报酬。"他随即又谈道："如果有人使用了你的视频片段，而这个包含了你的付出在内的新作品又再次被第三方使用，你仍然可以从第三方手中拿到一笔小额报酬。"在拉尼尔的设想中，这种小额酬劳系统能够令我们渐渐摆脱封建主义。我们将有幸见证"版税所形成的涓涓细流在流淌，五光十色，蔚为壮观"。这种小额酬劳系统将催生"一个新型的中产阶级及一种更为真实、蓬勃发展的信息经济的到来，只要我们可以破除所谓的‘免费信息’观念，转而执行一种普世的小额酬劳系统”。

或许这种系统在让中产阶级重振旗鼓的同时，也能提高人们所上传的作品的质量。如果你十分擅长寻找并上传可爱的小狗图片，那么，成千上万的小额酬劳将向你涌来，这就成了一份工作而不仅仅是一种爱好。在零工经济时代，当你辗转于各种待遇不佳的兼职工作之间无业可依时，这份工作便可以解决你的生计问题。

正如我在第七章中会阐明的那样，我十分青睐那些实现起来具有挑战性的理念。但是，要施行拉尼尔所谓的小额酬劳系统，我们所面临的障碍尤难攻克。这些障碍源于人们在对数字技术集成包所产生的财富的理解上的不对称性。这个问题出在我们自己身上。只有我们转变思想，这种小额酬劳系统才可能成为现实。显然，谷歌、23andMe 和脸书所处的谈判地位比数字时代的佃农们要高得多。我们必须完成根本性转变,才能开口索要我们输送给各大公司的数据所创造的部分比例的价值。但是,这种改变十分必要,只有改变了,我们才能睿智地领悟到以下安排中存在着有违常理的地方——我们付费给23andMe,让它来分析我们的基因,而它却恰好能左右逢源,既让我们看到数据凸显的关键信息,同时又独吞了数据在用于商业用途后所带来的一切收益。我们就如同满身油污的农夫一般,当石油勘探者给我们钱让我们将自己田地中那些看起来几乎一文不值的东西运走时,欣喜若狂,因为这些脏兮兮的黄黑色液体会不时地从地下冒出来。

假设在任意年份你定期访问的脸书页面为脸书带来的收益数额为12美元,那么你认为你也有资格瓜分这份收益中的一部分似乎也是合情合理的。这并不是说你能一分不少地全要,脸书显然也有资格拿走一些。因为如果没有脸书,你大概会创建属于自己的网站,上传视频并定期更新状态。但是,如果这一举动被切换到在一家月活跃用户数达到22亿的社交网络上进行的话,你的访问量就会大增,收益自然也是一样。所以,你起初提的要求非常合理,不过是去和脸书接洽,向他们提议将其中区区2美元分给你,并声称如果他们不同意,你就要注销脸书账号,他们要么选择得到10美元,要么一分钱都得不到。到那时,他们似乎就会认真地考虑你的提议了。但是,对这一事实的理性理解与真正能支持你获得令脸书严阵以待的谈判地位所需要的那种觉悟之间是存在差别的。脸书已经表态,他们有志于推行小额酬劳机制。但是，此时脸书想充当的是小额酬劳银行的角色，而酬劳则是脸书用户间相互收取的，这与它有意将从用户数据中获取的利益以小额酬劳的形式返还给用户是截然不同的。

进化生物学家用“活命-一餐”原理来描述捕食者与猎物对互动结果的关注度是不对称的。捕食者想要吃掉猎物，而猎物要千方百计地避免自己被吃掉。“活命-一餐”原理表明，猎物对互动结果的关注度远远超过了捕食者。对于猎物而言，如果在捕食者和猎物的互动中失利，它所付出的代价远比捕食者失利时所付出的要惨重得多。如果猎物成了输家，它损失的将是自己的生命，而如果捕食者落败了，它失去的不过是一顿美餐罢了。这倒也可能会给它带来巨大的不便，因为如果它一再失手，最终可能会饿死。但是在更多情况下，它可以屡败屡战。这种关注度的不对称也体现在两者不同的行为表现上。当捕食者只是一路暗中尾随而非全力追逐时，猎物不惜身负重伤也会力求全力突围。一项估测数据表明，独立行动的狮子成功捕获猎物的概率还不足 20%。这一原理也同样适用于描绘脸书与其用户之间的互动。脸书在拒绝将既得利益让渡给用户这一点上的关注度要远远超过索要这笔钱的用户。

我们已经了解过加西亚的名言“任意物品乘以 10 亿以后数目都不小”，并见证了 2015 年脸书从每位用户身上获得的 12.76 美元变成了一大笔钱。反之亦然，“任意物品 10 亿倍”原理将我们眼中的小额酬劳转变为脸书眼中的天文数字。假设脸书每年

需要向每位用户支付2美元,对于普通的脸书用户而言,2美元并不起眼,大概都不够付更新状态时喝咖啡的钱,但是,将每笔小额酬劳积累到一起,即将2美元乘以22亿之后,对于脸书而言,这就是一笔巨款了。

那么,脸书会如何回应用户提出的支付小额酬劳的要求呢?电影史上关于谈判的最令人记忆犹新的台词之一是《教父2》中的迈克尔·柯里昂(Michael Corleone)对一位腐败政客说的话。这位政客企图以帮他获得赌博执照为名,趁机敲诈他一大笔钱。迈克尔说:"这是我出的最终价码——零元。"脸书可不会如迈克尔·柯里昂一般厚颜无耻,而是向对网站始终如一的忠实用户提供了一笔划算的买卖。在此,我们要区分两种不同的经济交易方式。物物交换的特点是以实物完成支付。这类经济交换方式中是不涉及货币的,这与涉及货币易主的货币经济截然不同。我预计,脸书会继续向22亿用户推行物物交换。这种物物交换的模式是数字化的，因此对他们而言成本低廉，其边际成本为零或趋向于零。他们可以投资一大笔钱用于开发脸书软件的新功能，并且信心十足地认为22亿用户都能够全面运用这些功能。脸书会立场坚定地驳回任何希望它以现金付酬的方案，并转而采用物物交换的方式——给脸书用户开发炫酷的新功能。当你再度登录脸书时，或许就能看到脸书斥巨资打造并投入运行的某项功能，而这些功能也在某种程度上致使新兴的对手软件很难撼动脸书在社交网络界的地位。规模经济意味着相对于新兴对手而言，脸书的投资回报率要高得多。“任意物品10亿倍”原理象征着用户眼中的小额酬劳实际上对于脸书而言是巨额财富。反之，投资开发一项能够立刻被受众分享的新功能虽然耗资巨大，但如果我们将每位用户的畅快体验感都叠加在一起的话，这就可以被视为一项能够即时获得巨额回报的一次性投资。脸书会一直努力研发新功能来俘获人心，而不会推行任何形式的小额酬劳机制，并且对于大多数用户来说，这看起来似乎也是一笔非常划算的买卖。作为个体，我们都将面临两种选择：对我们而言金额微不足道，但经过“任意物品10亿倍”原理换算后呈现在脸书眼中的巨款，以及一项脸书耗资数百万美元进行研发，但是摊到每位用户头上的平均成本却十分低廉的炫酷功能。

虽然就目前的情况而言，我们不太可能也并没有坚持向脸书索要小额酬劳，但这既不意味着我们今后不会这么做，也不意味着我们不应该奋力实现这一目标。本书第七章专注于探讨一大差异性：大力倡导数字时代的理想状态和预测这个时代的未来风貌二者之间不能画等号。在上文提及的相关理由表明，我们不应当预测这样的未来能够实现：小额酬劳系统凭借打造网络内容而产生的不菲收入造就了一个生机勃勃的中产阶层。但值得下注的预测和值得为之奋力一搏的理想之间是有区别的。在通往拉尼尔的理想之路上阻碍重重，要想实现它，我们自身要先脱胎换骨。

拉尼尔将为谷歌与脸书耕耘的数据农夫比作中世纪的农民，但我们深究下这两类人的动机就会发现，其差别还是极其巨大的。如果你是一位中世纪的农民，当你对差使你的地主的所作所为心生愤懑时，你大可以一走了之，再找一户面慈心善的人家，满腹牢骚的农民也的确这么做过。因此，封建地主十分在意挽留自己的农民。其中一种做法便是出台限制农民流转的法律，除此之外，还包括采用提高农民耕作与生活条件的措施。在黑死病夺去了大批农业人口的生命之后，农民的身价猛涨，改善他们的生活条件刻不容缓，一系列深化改良的手段更是层出不穷。

但几乎没有脸书用户打算步这些义愤填膺的农民的后尘，与脸书展开谈判，并以注销自己的账号相威胁。呼吁联名抵制脸书的做法似乎并没有明显地壮大脸书用户的声势，也未达成上文的经济推理链条中所描述的那种影响。假如脸书用户能够如脸书一般深谙个人数据的价值，在脸书拒绝给他们充分补偿之时，他们大概就会以注销自己的账号相要挟。但就目前的情况而言，他们还在高高兴兴地当着佃农，不时地更新状态，并为自己能加入全球最大的社交网络而沾沾自喜。

根据布鲁斯·施奈尔(Bruce Schneier)的描述,我们往往将数据视为“汽车尾气”。我们通常认为,数据是消遣过程(例如,在脸书上更新状态或在网上搜索墨西哥坎昆市的平价旅馆在哪里等)产生的无价值的副产品。谷歌似乎没从我们手里取走任何有价值的东西,而只是帮我们抽走了数字尾气。我们的子孙后代或许会领悟到数字尾气中蕴藏的价值,但目前,我们看待数据的方式与20世纪20年代蒙昧无知的农民看待自身田地之下埋藏的石油矿藏的方式一样,安于现状,怡然自得。

想实现拉尼尔的小额酬劳系统的应用需要脸书用户不再甘于充当安于现状的状态更新者,只是欢欢喜喜地看着脸书抽走自己排放的数字尾气,而是要惊觉自己就如同中世纪的佃农,当地主的爪牙前来强取豪夺时会心生愤恨,不再对地主的盘剥感恩戴德,并不再想要报答地主应允他们使用地主的土地的恩情。我们自身必须有所改变才能以注销自己的账号来威胁脸书,除非它答应将我们所创造的部分财富返还给我们。只有在对数字时代技术集成包有更进一步的了解时,我们才会严肃对待能反映数字尾气真正价值的小额酬劳。我们必须对数字时代的技术集成包了然于心,才能以游刃有余的谈判者之姿去争取我们所创造的价值中自己应得的一部分。

结语

在本章中,数据被视为数字革命引入的新型财富。我认为,虽然建立在对数据理解的不对称基础上的交易在当下被认为是公平公正的,但可以预见的是,我们的后世子孙终将觉察其中的有失公允之处。在后世评判者的眼中,分文不取便将自身数据的所有权拱手相让的脸书用户与20世纪初期的得克萨斯州的农民无异,他们获得了一些蝇头小利便喜上眉梢,将蕴藏在自己土地中的石油的开采权低价售卖。我坚信,所谓"数据需要自由"的提法并非真正的解决之道。那些因禁锢数据而渔利的人可以雇用律师、收买政客,以维系他们对数据的控制权。我认同雅龙·拉尼尔的设想,通过向提供数据的人支付小额酬劳,我们是可以扳正数字经济中的某些失衡状态的。但我也坦言,只有我们自己能够做出一些重大改变,这种系统才可能应运而生,也就是说,我们要将数据视为财富,而不是数字尾气。

第四章

在数字时代，工作依旧是人类的常态吗？

人工智能的主要目标在于制造出能够完成脑力工作的机器。此前，我们已经探究过人工智能与数据的强大组合。数据是数字时代典型的财富，是专为承担脑力劳动的机器量身打造的。可以预知的是，相对于最杰出、最具想象力的人类医疗研究者而言，未来人工智能在数据领域的应用将在人类攻克癌症之战中做出更大的贡献。

本章将聚焦人工智能对人类能动性的威胁。往大了说，人工智能威胁着人类作为自身命运掌控者的地位；往小了说，这是一次对于人类脑力工作的挑战。如果机器进行脑力劳动的能力日臻完善，那么，作为传统脑力劳动者的人类该如何获得酬劳呢？

有两大偏见让我们洋洋自得，认为人类能在由人工智能构建的未来继续有所作为。其一是对于未来数字技术的偏见。我们往往过分局限于当下机器的不如人意之处，而对它们的更新换代能力漠然视之。我们应当避免重蹈20世纪90年代初期那些象棋大师的覆辙。在他们眼中，被他们轻松击败的机器缺陷众多，因而未来的象棋计算机也难成大器。但关于机器学习预期进展的调查表明，未来的数字机器或许会拥有解决问题的能力。其二是过分看好人类自我能力的偏见。在人类例外论的影响下，人类将自身的思维能力描述为机器无法模仿的本领。我们承认机器可以在计算能力上击败我们，却坚称它永远不可能比我们聪明。依照这种观点，智慧绝不等同于一连串由计算机执行的指令。我认为，一旦这两大偏见消除了，我们对于人类在未来的工作领域中占据的地位便不再信心十足。在极端高效的数据处理机器大行其道的年代，相信人类的智慧，相信梦想的能力(认为一些偶然的梦境能帮助我们走出山重水复的绝境)，我们能做的也就仅此而已了。

聘请人类工作需要支付酬劳，这一事实形成了强有力的经济激励机制，刺激人类不断研发可以更出色地完成一项工作且成本更低的机器。聘请人类劳动者需要支出成本，机器不需要。许多人类劳动者拖家带口，子女需要吃饭、穿衣和接受教育，他们自己偶尔还想度个假，有时还会生病。于是，他们希望自己的工资能够应付这些开支。当然，机器也需要保养，但它们可没有这么多的心愿。

这种不利于人类工作的经济主张并不是数字革命时期专有的，这也是工业革命时期的一大特征。蒸汽锤(一种由蒸汽驱动

的巨型工业用锤）的发明者詹姆斯·内史密斯（James Nasmyth）希望“能自动运行的机械工具”有助于避免“手工劳作中的差错”。据他所言，“机器从不会酩酊大醉；它们的双手从不会因过度劳作而颤抖；它们从不会旷工，也不会因闹着加工资而罢工；它们的精确高度、规律性强，制造出的机械结构要么精妙绝伦，要么敦实厚重。”

数字技术给人类工作带来的危机远比内史密斯口中“能自动运行的机械工具”带来的冲击要大得多。当人类工作者面临工业革命带来的挑战时，他们的应对方案是将自己重装升级为2.0版。数字机器发展迅速，也就意味着即使将人类升级到3.0版的策略，至多也只能在数字经济时代觅到一处临时的避风港。人工智能是数字霸主，能将人类应对技术性失业潮的传统策略化解于无形。当机器学习这一秘密武器与海量数据相结合时，科技革命前期的机器所缺乏的灵活性与适应性在数字时代的机器身上将一应俱全。

数字时代:探索成效性与治愈性兼具的工作

在此,厘清深陷危局的究竟是什么十分重要。我并非在为具体的几项工作甚至是具体的几类工作发声,而是要让“工作即常态”继续根植于数字时代。在21世纪初期的数十年中,工作是人类的常态。工作即常态,那么人们对于离开学校后便参加工作的预设也就合情合理。他们将通过为社会添砖加瓦维持生计。即便在失业率居高不下的年代,“工作即常态”这一理念也从未消失。假设你所处的社会中有30%的劳动者无业赋闲,那么在位的政客很可能会面临猛烈却合理的口诛笔伐。但即使如此,你身处的社会所秉持的理念仍是“工作即常态”。在这种社会中,父母会为子女的工作前程担忧,这不足为奇。但是,还有70%的劳动者在岗工作则意味着,对于这些父母而言,他们在抚育子女的过程中怀抱着儿女们也能顺利找到工作的愿望也是自然而然的。这种社会中的学校会教授孩子们参加工作并从中脱颖而出所必需的技能。如果到了数字时代,你非得成为拉里·戴维(Larry David)、奥普拉(Oprah)、史蒂文·斯皮尔伯格(Steven Spielberg)或是梅丽尔·斯特里普(Meryl Streep)之类的著名导演或演员,并认为这才算一份工作的话,“工作即常态”理念也就荡然无存了。

若是要让“工作即常态”理念存续于数字时代,我们便要寄希望于有足够多兼具成效性与治愈性的工作存在。我所谓的

“成效性”是指这些工作不应当隶属于数字时代某些社会为人类硬性安插的空闲岗位，人类劳动者要做的也不只是拿着写字板，核查在设计之初精确度就高得惊人的机器的产量。商业雇主雇用人类劳动者是受到了经济利益的驱动，他们一定会时常考量用于实现自身目的的机械化模式，并评估雇用人类劳动者是否划算。我所谓的“治愈性”是指数字时代的工作应当有助于实现高水平的幸福感，而不是像那些反数字乌托邦理念中描绘的那样，人类劳动者要忍受恶劣的条件与微薄的薪资，在绝望中试图在酬劳上与机器一拼高下。

工作应当是具有治愈性的，这一理念似乎与经济学家对于工作的阐释相左。他们认为工作具有负效应，而获取薪金则会带来正效应，因此，负效应的存在是客观合理的。米哈里·契克森米哈赖（Mihaly Csikszentmihalyi）与朱迪思·勒菲弗（Judith Lefevre）对于劳动者从工作中获得的价值感进行过一番引人入胜的描绘。他们质疑了“休闲是使人愉悦的”与“工作是令人不悦的”两者之间的简单的两分法。在一项有关人类对休闲活动及工作的态度的研究中，契克森米哈赖与勒菲弗发现，与众所周知的观念相反，“无聊”这一特征在休闲活动中体现得更为鲜明；与经济学家的描述不同的是，“愉悦”这一标签竟然在工作中体现得更为显著。契克森米哈赖与勒菲弗称其为“工作的悖论”。他们提出了一种心理机制，用以阐释工作带来的愉悦感。契克森米哈赖在其论著中经常提到“心流”（flow）这一概念。心流概念表明，“当一个人认为环境中包含足够多采取行动的机会（或挑战),同时个人也具有采取行动的能力(或技能)时,体验是最积极正向的。当挑战和技能都达到高值时,这个人不仅在享受当下,同时还能继续拓展自身能力,有可能学到新技能,增加自豪感及个体复杂性。”当一个人体验到心流时,他通常会产生忘我情绪,完全融入所参与的活动中。正是由于在各类环境中操练技能所带来的忘我感使心流的状态尤为令人愉悦。显然,并非所有的工作都能够创造心流体验。那些由简单的重复性任务构成的工作不太可能创造心流体验。如果契克森米哈赖与勒菲弗对于工作愉悦感的论断是正确的话,那么数字时代的治愈性工作就不应该将人类劳动者当作廉价的写字板分类员来差遣。数字时代的人类工作不仅应使人类得到合理的收入,并且应当是可以为人类带来心流体验的。

“工作即常态”保卫战需要我们为数字时代创造出数量充裕、兼具成效性与治愈性的工作。数字时代的父母或许对于他们的子女将选择从事的工作一无所知,但他们心中应当怀揣着切实的期盼:在各类强大的数字技术层出不穷的社会中,他们的孩子能够找到兼具成效性与治愈性的工作。我们决不能重蹈20世纪90年代初那些顶级象棋大师的覆辙。

经济学家“归纳”出来的乐观主义

推崇乐观主义的归纳论证取自许多技术进步的历史实例,这些进步淘汰了一部分工作,但同时却创造出了更多更好的职业。我们知道被技术革命摧毁的是什么样的工作，但至于取而代之的究竟是什么新岗位，我们却毫无头绪，因此，我们的焦虑感便油然而生。但我们应当坚信新型工作一定会应运而生。凯文·凯利指出，“今天，我们大多数人正在从事的工作对于19世纪的农民而言都是匪夷所思的。”新型的技术集成包会创造出从未有人构想过，甚至或许是超出所有人想象的新型工作，这一直是一个颠扑不破的规律。1万年前，身处美索不达米亚平原的狩猎采集者在面临农耕定居生活开始大行其道而自身生活方式逐渐分崩离析时，他们的内心一定充满了绝望。我们可以想象，当他们偷偷窥探新石器时期的定居生活时，定会对这些居民如此不成体统地在土地中四处刨食的行为感到震惊。但许多狩猎采集者的子孙最终却成了心满意足的农民。

工作的消亡与诞生之间存在一个令人痛苦的滞后期。技术进步造成技术性失业。1930年，约翰·梅纳德·凯恩斯(John Maynard Keynes)发表了一篇文章，将技术性失业定义为“由节约人力的生产方式的诞生速度超过了人力新用途的发现速度造成的失业”。凯恩斯随即指出，这个滞后期只是“一段短暂失衡期”。新技术的引入带来的经济增长将会创造出新型工作。

预言新型工作必会如期而至并不是要抹杀这段“短暂失衡期”所造成的伤痛。有人穷其一生从纺织学徒做起，经过不断进取，成为熟练的纺织工，最终蜕变为纺织高手，他绝对不可能轻而易举地删除自己脑海中关于手工织布技能的相关记忆，转而记住新型工厂中轮班主管的信息。但是，“短暂失衡期”却实实在在地限制了痛苦所波及的范畴。手工纺织工的子孙带着崭新的意识来到世上,已经准备好要内化适应工业经济所必需的知识。许多过渡期都是阵痛期。迁居到新土地的移民要挥别熟悉的景象、乡音和乡味。他们要适应新的生活方式,承受新住地原住民的猜疑。但是他们和他们的子孙后代却往往认为过渡期是弥足珍贵的。只要能够高瞻远瞩,我们看到的便是长远的利益而非短期的煎熬。青少年时期是人类成长过程中的过渡期,充满了窘迫与尴尬,但大多数人却为能安然度过这一阶段而心生欢喜。我们同情工业革命时期的纺织工,但绝大多数人也为自己不必成为手工纺织工而深感欣慰。

我们要谨慎,不要被扭曲而盲目的怀旧情结所左右。大多数重现美国内战情景的演员会因为射向他们的并不是真正的霰弹而庆幸。同样,如今许多以手工纺织为业余喜好的人也喜笑颜开,因为他们不必巴巴指望靠销售手工制品来供养子女。或许到了数字时代,有人会以填写财会电子表格为乐而对残酷的现实浑然不知,无法理解其他人要靠着修整与维护电子表格才能付房租或给子女交学费的艰辛。在机器的能力不断升级的年代,人们对自己的职业前景感到忧心忡忡,于是不禁对捣毁机器的卢德运动中的工人表示同情。但是,假如他们静心沉思一番,恐怕就鲜有人希望政府出面倡导重新打造以手工织布机为核心的纺织业。

这些归纳论证能带我们看到我们的想象力所不能及的地方。对于技术进步能够凭空创造出工作的趋势,近期便有实例可证。在计算机面前败下阵来而丢了工作的人或许难以想象出未来工作的真实模样，但归纳推理则告诉我们，这些工作必将出现。20 世纪 90 年代，人们就了解了计算机和网络，但如若跟他们说，在未来，公司将提供全职工作岗位，让他们管理自己的社交媒体——想方设法让别人在脸书上点“赞”以及在推特上进行专职写作的话，他们很可能听得云里雾里。

乐观主义者企盼我们能如应对工业革命时期的机器一般，再次成功化解危机。他们相信人类能动性永无疆界。随着机器的能力的升级，人类总是能站在新兴领域的前沿。就算丢掉了旧饭碗，我们也能找到更具挑战性的新工作。不出 40 年，我们便会用怜悯的目光看待现在的这些工作者，他们为求生计，无奈地从事着如今机器就能超高效完成的工作。如今，我们会惧怕服务岗位与长途卡车驾驶工作像预料的一般消失，但我们的子孙将从事我们无法想象的工作，而他们会因为终于不必疲于应付对故障产品千篇一律的投诉或是在 18 轮卡车的方向盘后面耗费许多时光而心存感激。

凯文·凯利从归纳论证中提炼出了以下建议:

> 我们要让机器人来接棒……它们将从事我们一直在做的工作,而且完成得比我们要出色得多。它们还能完成我们根本做不了的工作,完成那些我们从未想象过竟然需要被完成的工作。它们能帮助我们发现属于人类的新工作,以及能够拓展人类能力的新任务……这是大势所趋。让机器人接手我们的工作,让它们帮助我们尽情畅想意义非凡的新工作吧。

在忙于羡慕子孙后代在数字经济时代将会从事的优越工作之前,我们应当思考一下,这些工作是否有可能不会成为现实。

经济学家戴维·奥特尔提出了"O形环生产函数"理论以支持归纳论证所佐证的观点,并说明了人类在数字革命时期的经济中所扮演的角色。即便当我们无法想象这些角色身份时,我们也应当自信地认为它们必将存在。"O形环生产函数"最初由迈克尔·克雷默(Micheal Kremer)描述,其名字缘于"挑战者"号航天飞机的组件。1986年,由于一枚O形环发生故障,"挑战者"号在发射升空后不久便发生爆炸。因而,我们用O形环生产模式形容一种协同生产过程,在生产链条中任何一个环节出现差错都会导致整个生产过程毁于一旦。如果生产链条中其他环节的可靠性不断增强,那么对剩余的可靠性较弱的环节进行改进的价值也将攀升。奥特尔解释道:"当自动化或计算机化让劳动过程中的某些环节变得更加可靠、廉价或快速时,此生产过程中其余人工环节的价值也将得到提升。"随着身边机器的性能不断跃升，余下的人类劳动者可以获得更高的工资。根据奥特尔的说法，对于有技能在身并能够成功嵌入数字经济生产链条的人来说，这将是一个工资收入不断提升、工作条件日益改善的过程。在操作并保养数字经济中高度复杂的机器所需要的技能领域，我们看到了奥特尔模式成立的佐证。数字经济时代的软件工程师获得的薪资将高于工业革命时期的技术工人。比起更换纺纱机的破损部件，给遭到非法入侵的计算机网络打补丁在技术上的要求更高。

在数字经济时代，也许真的存在人类O形环，但至于充当数字经济O形环的人类劳动者是否能够因此而获得高收入，我们便不得而知了。我们或许可以断言，人类的贡献在数字经济时代生产链条中是不可或缺的，但我们不能笃定地认为做出贡献的这些人一定收入丰厚。目前，人类医生是医疗健康服务的重要提供者。人们对于医生的高薪金的认可建立在一种共识上：医疗专业知识很难获得。鲜有人能像心脏病专家那样完成繁重的训练。安德鲁·麦卡菲与埃里克·布林约尔松的预测呈现了未来医疗领域的人类O形环所肩负的责任。他们承认，医疗诊断过程从很大程度上来说是规律模式的匹配过程。“如果世上大多数医学专业学科中，例如放射学、病理学、肿瘤学等，最杰出的诊断专家还不是数字机器，那也将很快就是了。”但人类是诊断程序中必不可少的一环。麦卡菲与布林约尔松随即说道，“大多数患者……并不希望自己的诊断结果出自一台机器。”患者同样需要有人鼓励他们遵循具有挑战性的治疗方案。或许，人类在数字经济时代的医疗领域的确是至关重要的存在。那么下一个问题就是:这些充当 O 形环的人类劳动者究竟能获得多少酬劳呢?他们大概无法拿到像如今的放射学、病理学或是肿瘤学专家一样高的酬劳,其原因很简单:很多人都将能扮演这样的角色。当一台精确度极高的糖尿病机器人已经告诉你某些糖尿病患者的血糖控制得并不理想时,你也就无须经过数十年的训练才有资格敦促糖尿病患者加强血糖测试。在数字时代,更大比例的医疗预算将向这些技术的提供者(机器)倾斜,而不是向与它们共事的人类倾斜。

O 形环生产模式或许无法证明数字经济时代的人类劳动者一定能获得丰厚的酬劳,即便我们认定人类的贡献是至关重要的。或许,奥特尔认为,论证了人类在数字经济时代生产过程中的确举足轻重便是一种成功。但在接下来的小节中,我将质疑这种想法的真实性。

数字技术集成包的改天换地之力

或许,数字时代的经济模式始终需要人类的参与,但我质疑 O 形环生产函数是否能为千方百计向未来雇主展现自身存在价值的人类带来稳定的工作。奥特尔的理论适用于生产链条中的“角色作用”而非证明各类角色(不论是人类还是机器)能“安居其位”。要改善人类所负责的执行环节,有两种传统的做法:要么提高现有人类劳动者的技能水平,要么雇用技艺更高超者取而代之，其结果都将是留在生产链条中的人获得的酬劳更加丰厚。但是，要改良生产链条中的同一环节还有另一个途径：以更高效、更廉价的机器替代人类劳动者。认为人类将完全退出生产链条的理念是错误的。人类的聪明才智让我们总能发掘出额外的施展空间。但是，随着这些新兴施展空间存在的价值得到深度展示，一种强烈的经济激励也应运而生，这种激励驱动着人们以无所不能的数字技术集成包来取代人类劳动者。我们知道工业革命与数字革命不可等量齐观。相比在数字经济的生产链条中寻觅到新的工作角色的人类劳动者而言，19 世纪早期工厂领班体会到的工作安定感要强烈得多。因为改良过的动力织布机并不会取代工厂领班。

通过归纳总结而形成的乐观主义态度所面临的主要问题在于数字革命中的机器拥有引领人类走向新兴工作阵线的能力。从某种意义上来说，数字技术是能够改天换地的，而工业革命不能。动力织布机让手工纺织工丢掉了饭碗，但它却不能与工厂领班再较高下。然而，能进行脑力劳动的机器却可以做到这一点。我们可以一直为人类劳动者设定新任务，因为我们没有理由认为潜在的人类工作岗位是有限的。但问题在于我们能否创造出数字革命带来的机器无法更出色地完成的新任务。机器学习的进步终将见证各类进行脑力劳动的机器的诞生。机器学习的改天换地之力也意味着，即便我们能构思出形形色色更加契合数字技术集成包的新工作，但想要防止数字机器更出色地完成这些工作也非易事。

乐观主义者认为工业革命时期关于工作的种种悲观预言与当前关于数字革命的悲观展望如出一辙,但它们之间其实有着天壤之别。工业革命创造出的工作远远超乎那个年代的人类的想象。但是当时的人们仍然希望未来能有许多适合人类从事的工作,这一点在当时也能找到有力的佐证,因为那时的许多工作不可能借助动力织布机或工业革命时期诞生的其他技术来完成。即便是干零活儿的手工纺织工也能轻松地细数出那些不会被工业革命引领的各类自动化浪潮威胁到的工种。手工纺织工的儿子或许会因为思虑不周而干上手工纺织的营生,但可以预见的是,给企业管理账目、参军入伍、打工帮佣之类的可备选的工作也会长期存在,没有任何蒸汽机能完成这些工作。但计算机的无所不能却拓展了当下技术变革引发的焦虑感所波及的范畴。在21世纪初期的数十年中,父母不会过分忧虑,担心他们的孩子无法继续从事家族传承的工作。他们会绞尽脑汁地预测、构想数字时代中可从事的工作。工业革命中存在着诸多未受到蒸汽动力或其他辅助技术威胁的工作,这振奋了人们对于未来工作的信心。但日新月异的数字技术集成包却不符合人们对数字时代中人类工作的期望。

我们应当了解技术进步对现今的就业模式所造成的影响,经济学家的推测的参考价值是有限的。在第一章中,我们发现过去与未来之间的相关差别会降低经济学家的归纳推理的可信度。支持这类关于当下经济走势预测的数据便忽视了数据与人工智能之间的新颖组合所催生的变革。某些阐述与见解或许能透彻地分析各类趋势，但它们对数字革命所带来的变革却根本未加考量。反映自动化对工作最新影响的经济数据无法体现数字技术将带来的变革。

关于技术变革对就业产生的影响，戴维·奥特尔与戴维·多恩(David Dorn)的看法产生了深远的影响。他们质疑经济学家普遍接受的观点——技术变革对技术更娴熟，因而能更好地利用新技术的人有利。根据他们的说法，“技能偏向型技术变革假说”未能充分论述在技术发达国家的经济模式中显而易见的两极分化现象。技能精进者的就业率与薪酬固然有所增长，但技术含量相对低的服务岗位的就业率与薪酬也同步增长了。奥特尔与多恩将服务岗位定义为“包含协助他人或照顾他人等事项的工作，例如餐饮服务业的从业人员、保安、门卫、园丁、清洁工、家庭健康护理人员、保育员、理发师与美容师以及娱乐行业从业者等”。我们给这种假说换一个标签并称之为“技能偏向型技术变革假说”后，便能更好地解释这一现象。多恩写道：“在技能偏向型技术变革模式中，计算机对劳动者造成的影响不是基于劳动者的受教育程度，而是基于他们的工作内容。”奥特尔与多恩推测，造成这种两极分化现象的原因就是自动化。许多中等收入的工作都在渐渐实现自动化。我们已经了解，相较于人类，机器在完成会计领域的脑力工作时更出色，成本也更低。但是位于顶层与底层的工作则不容易受到自动化的影响。

多恩强调了酒店工作的特征，这些特征是自动化很难取代的。酒店客房的清理是重复性劳动，但根据多恩的说法，这种重复性劳动并不能转化为可通过计算机编程完成的常规动作。他说道:“如果说酒店清洁是一份常规工作,那么每间房间的清理都要精确遵循标准工作步骤,工作人员需完成统一的肢体动作。但实际上,每位客人退房时,房间的状态都会有所差别。除了干净程度不一样之外,对于毛巾、枕头、浴室用品、钢笔与其他属于宾馆的物品,每位客人在离开时都会放在房间内不同的地方。”多恩随即又说:“对于一个机器人而言,想要找到并识别出所有属于酒店的物品,评估它们的洁净程度并采取恰当的方式进行清理或替换是十分困难的。相对于人类来说,机器人的身体适应性通常是极其有限的,它们不能抓握或清理形状各不相同的物品。”

如果利用数字机器来打理酒店,那么它们就不能按照人类的做法来完成工作。如果不同的企业想实现酒店工作的自动化,它们就得找到不同的办法去实现。

历史上有许多先例表明技术进步打乱了人类熟悉的工作模式。在工业革命之前,许多生产工作是由劳动者居家完成的。商业雇主备好材料,将其交给乡下的劳动者,这些劳动者一般居家完成作业,随后再由雇主将成品运送到委托人手中。我们很难看到工业革命中蒸汽机的发明对居家式工作能产生哪些积极的影响。无论是托马斯·纽科门还是詹姆斯·瓦特(James Watt)都会对发明可以居家安装使用的小型蒸汽机束手无策。蒸汽机的发明要求人们停止居家工作,转而去工厂工作。我们可以预期,数字革命的生产中心也将发生类似的改变。

在亚马逊的运营中心,我们可以看到,在实现工作与工作环境的“非人性化”以更好地满足数字机器的需求方面,我们已经有了长足的进步。马库斯·乌尔森(Marcus Wohlsen)在《连线》杂志上发表的文章指出,亚马逊的运营中心并不是按照符合人类逻辑的组织模式构建的。与亚马逊的组织模式不同,百货商店的物品分类方式要迎合的是消费者的心理预期。如果你想要购买跑步短裤,就在运动服饰这一类中寻找;如果想给孩子买生日礼物,那就在玩具区搜索。要设计出一款能够与消费者的搜索能力相匹配的机器人,其难度不小。在亚马逊的运营中心,物品分类存放的方式与人类惯用的分门别类法大相径庭。物品的代码都储存在运营中心的计算机中。乌尔森说:“……与杜威十进分类法不同,这些代码不会标识房间内所存放物品的种类。物品仅仅是按照适合存放的货架来进行分类的。为了存取方便,同类的东西会被放置在仓库中的不同地点,工人不必走得太远就能找到其中一件。”亚马逊的计算机精确地知道每件物品所在的地点。它们无须通过以下步骤来定位网球的存放地点——“网球属于体育用品,所以一定被存放在体育用品区”。对于在寻找男士短裤时第一反应就是搜索男士服饰区的人来说,这些物品的存放地点毫无逻辑可言,但只要亚马逊的人工智能机器人将工人视为“生物无人机”来使用,问题便迎刃而解了。很显然,亚马逊的下一步动作就是要用基瓦(Kiva)机器人来替代这些工人。亚马逊渐渐地不再过多地利用人类劳动者相对于基瓦机器人所凸显出的优势。面对百货商店的布局,基瓦机器人会手足无措,但对于亚马逊运营中心的非人性化布局模式而言,它们可以无障碍适应。数字革命正在将许多工作地点的环境变得对人类十分不利,就如同温度升高的珊瑚海,其气候环境也变得渐渐不利于珊瑚礁的生长一样。

编程设计一款工业机器人来为刚刚退房的酒店客房做清洁,其任务量看似确实不小。对于酒店而言,其难度在于客房的变化,客房的布局既要达到客人对房间的心理预期,又要满足当客人离开后,进入房间进行打扫的清洁机器人的需要。酒店既要迎合客人的心意,要容忍他们随心所欲地将房间弄得杂乱无章,又要探索各类途径去引导并鼓励客人以清洁机器人能够应对的方式制造"杂乱"。因而,酒店将借助机器学习从数百万位酒店客人造成的凌乱不堪的局面中寻找规律模式。要谨记,我们无须设想一切酒店工作都由机器人完成,因为对于作为就业流向的酒店行业而言,这将带来各类大问题。想象一下,当清洁机器人无法通过导航安全地往返于酒店的各大走廊之间时，它们就需要人类雇员将它们搬进每个房间。机器人的普及将导致酒店对人类雇员的需求量减少，对于“工作即常态”理念而言，这将又是一记重拳。

人类是否可以始终制霸选择权中的“最后一英里”？

对于是否可以一直保有酒店行业中人类的O形环地位一事，我们不能过于自信。但如若对于人类而言，高技术含量的工作前景可人，或许我们就不必再为低技术含量工作的销声匿迹感到哀恸。根据奥特尔与多恩的说法，高技术含量的工作同样能抵御自动化浪潮的侵袭。那些错失教育机会的人将领悟到一个真谛：未来几乎不会有驾驶快递卡车或是清洁酒店客房之类的工作。他们将学习管理知识与专业技能，并享受高技术含量岗位所带来的经济收益。多恩认为，高技术含量的工作有一大共性，那就是它们都“利用人类能力来应对新发展与新问题，并提出新理念和新方案”。他提出，计算机能够在这些领域中弥补人类的不足，但并非要取而代之。

我们认为高技术含量工作从业者的就业前景其实一片光明，这种观点可以从机器学习的拥护者——佩特罗·多明戈斯的论点中得到些许旁证。关于他的理念，我们在第一章与第二章中已经探讨过了。我说是“些许旁证”，因为我们已经了解了多明戈斯的构想：机器超越了绝大多数学识渊博并精于创造的人,它们提出了全新的疾病应对方案。相对于接受教育并对知识进行内化的专业人员而言,这个构想对于训练有素的管理人员可能更为有利,因为机器学习能够更高效、更全面地掌握知识。

多明戈斯信心十足地认为人类一定能够制霸选择权中的"最后一英里"。他将由人类决策者与由日益强大的机器学习者做出的决定之间的关系界定为:"最后一英里仍然属于你。你将从算法为你提供的各类备选项中进行选择,但余下的99.9%的筛选工作是由机器完成的。"机器将得出的结论传递给人类,由人类来完成最终抉择。扮演选择权中的首席执行官角色似乎能够彰显人类的优势。一名出色的首席执行官并不像他的大多数下属一样具备特定的技能与专业知识。这些技能与专业知识往往会分散他的注意力,使其不能专注于其本职工作——拥有组织系统的全局视野。首席执行官的专业素养体现在把控组织结构的全局导向时的运筹帷幄与当机立断。特斯拉的首席执行官埃隆·马斯克(Elon Musk)需要对未来电动汽车的运行机制及其可行性了若指掌,但他如果埋头钻研新款汽车采用的挡风玻璃雨刷器的细枝末节,那他就错了。终极决策权才是他最重要的掌控领域。

另外,对现有趋势进行的出色分析并不能作为对数字时代的可靠预测。我认为将数字时代的人类角色定位在终极决策权上糟糕至极。它违背了明智的集体决策原则。根据这一原则,让能力不足的决策者凌驾于能力更出众的决策者之上是大错特错的。一方是否能够担当英明的终极决策者，将权威凌驾于另一方所做的决策之上，并不完全取决于该决策者的能力如何，还取决于这名决策者与受命于他的决策者们之间的相对能力。这种相对能力远比对决策绝对性的客观评估重要。如果有人想要成为某位患者的心脏病手术方案的最终决策者，那么，他单靠表现自己熟知心脏手术的规范与禁忌，以及自己决策的果断英明是不够的，他还需要表现自身把握终极决定权的实力，那就是，他做出的决策至少应当不逊于听从他指挥的人及其他决策者做出的决策。这一点对于数字时代的人类决策者来说很有借鉴意义。在数字时代，将人类捧至决策金字塔顶端的需求映射了目前人们对计算机的偏见与对人类例外论的盲从。我们应当从长远角度评估，相对于预想中的数字决策者而言，人类决策者是否堪当重任。仅仅证明自己的决策比其他人的明智是不够的。

当我们从长计议时，对于数字时代的组织模式而言，终极决策的重要性反倒表明继续被留在工作岗位上的人类劳动者其实万万不该踏足最终决策这一领地。这“最后一英里”中包含的决定很可能要由未来机器来下达，因为相较于人类而言，未来机器的优势可能会特别大。如果你非要为人类决策者留出一英里，那么也不该是这最后一英里。用决策性术语来说，最后一英里意味着没有回头路可走。后来的决策者无力细察并纠正愚蠢的决定。假设米开朗琪罗(Michelangelo)收了一位雕刻学徒，经他评估，这位学徒资质平庸，而他却必须让这位学徒参与创作自己即将问世的作品。如果米开朗琪罗在意这尊雕塑的品质，他就不能将完工前的最后一道工序交给这位才疏学浅的学生。早先的错误或许不能被修复至完好如初,但至少“雕刻大神”米开朗琪罗可以想方设法加以修补。但如果由这位学徒负责最后一道工序,那么修补也就成了泡影。米开朗琪罗再无机会修补因施错了力道而凿坏了的地方,也无法化腐朽为神奇,将一支拙劣的宝剑重塑为小巧的匕首。

能让你超越其他对手并坐上最终决策者宝座的品质并不能确保你在数字时代也可以高枕无忧。人类终极决策者的弊病之一便是微观管理——将过多的注意力放在本应由下属承担的细枝末节上。追求微观管理的人类管理者往往罔顾大局。可以预见的是,数字终极决策者做出的最终抉择将会更加明智,因为它们的微观管理可以告知它们深度思考所有问题后得出的解决方案,反之亦然。

我们将此形容为介于人类脑力工作与计算机脑力工作之间的中性能力。计算机有主动式存储器,可以记忆它目前运行的一切任务,人类也有类似的结构,心理学家称之为“精神工作区”(mental workplace),我们将正在积极处理的任务都放在那里。当主动式存储器被各类任务阻塞时,计算机的运行速度就会减慢。当人类的“精神工作区”被各种任务充斥时,人类终极决策者的效能便会降低。

高效的人类终极决策者会避免自己陷入分派给下属执行的任务的细节中,以留出他们的“精神工作区”。出色的人类下属知晓如何为终极决策者提供他所需要的信息,以便其做出明智的决策。他们不会越俎代庖,抢先拍板下结论,但他们会小心翼翼地过滤掉妨碍决策者理解的细枝末节,让决策者明确他们所汇报的进程与组织中其他进程之间的联系。

"精神工作区"阻塞是很危险的,这一点在驾驶舱里发生的各种悲剧中可见一斑。当飞行员专注于排除明显的仪表盘故障,失去了态势感知,对海拔大幅下降浑然不知时,空难便发生了。驾驶舱中的理想决策者必须在"精神工作区"中为咫尺间的危险腾出一定的空间,但更要留出足够的空间来关注飞机的整体飞行状态。对于人类而言,两者之间的轻重难以权衡。似乎只有靠一心二用,人类飞行员才能在持续留意总体飞行状态的同时应对新危机。

高效的人类终极决策者一心一意地守卫自身的"精神工作区",而数字终极决策者还有另一种可行的策略,设计者只需要拓展它们的主动式存储器的空间即可。如果因同时运行多项任务导致计算机运行速度下降,你可以提升它的内存。对于数字终极决策者而言,关注细节问题并不会妨碍总体决策。我们不能过度夸大当下计算机的能力,它们的主动式存储空间也是有限的。主动式存储器是计算机工程师勤勉维护的珍贵资源。但是,如果我们认为现今的计算机特定的带宽限制会制约未来计算机的能力的话,我们就很可能会落入现有偏见的窠臼之中。

有些人因为自己能够完成多线程任务,即同时处理不同的信息流并给出不同的回应而沾沾自喜。其实这并非真正的多线程任务,人类只能连续完成单项任务,迅速地将注意力从一处信息流切换到另一处。这种来回切换的进程会导致效能大幅下降。这么看来,当人类飞行员全神贯注于异常仪表盘时,他会对海拔的骤然直降毫无察觉,这也就不难理解了。他忘了将注意力切换回来以评估飞机的航行状态。而计算机恰恰相反,它们才是真正的多线程任务能手。一台计算机所能执行的不同任务数受制于它的处理能力。只要能不断为其分派充足的处理空间,强大的计算机就不会因为新增的额外任务而出现现行任务的执行效能下降的情况。

以喷气式客机的驾驶舱为例,决定将何种信息传递给人类终极决策者的决策中应做出务实的取舍。现代喷气式客机的传感器可以接收到大量信息,包括飞机状态以及外部环境如何等。出色的驾驶舱设计部分体现为如何在尊重人类认知极限的基础上,将这些信息显示并传达给人类飞行员。飞机传感器获取的海量信息中仅有这一部分是值得呈现在人类飞行员面前的。航空仪表盘的设计必须考虑到人类飞行员的生理极限。驾驶座舱仪表的设计中考量了概率阈值。优秀的驾驶舱设计会过滤掉对人类飞行影响小的信息。一旦从目前关于数字机器与人类例外论这一对如影随形的误解偏见中跳脱出来,我们就能领悟到:有些信息未达到概率阈值,不值得显示在人类飞行员操纵的驾驶舱的仪表盘上,却值得传递给带宽更庞大的数字终极决策者。有些关于风速与风向的数据不值得被传输给人类飞行员,却可以被这位终极决策者利用。风速与风向的细微变化不太可能对航行产生影响,但是,将每次变化叠加起来之后,情况就不同了。

如果计算结果和校准数据可以源源不断地输入人类飞行员的主动式存储区的话，那么人类飞行员与计算机之间的这个差别也应当被纳入考量。但我们不太可能拥有一台容量无限的主动式存储器，虽然摩尔定律及相关的概论都预示未来的计算机将一直向着这个理想极限靠拢。只要我们将最终决策权留给人类飞行员，飞机的安全性似乎永远都有上限。如果数字终极决策者的活动内存容量足够大，甚至可以考虑到概率极低的风险，那么，乘坐它们驾驶的飞机要远比搭乘人类飞行员所驾驶的飞机安全，因为人类飞行员的"活动内存"更有限，他们只能无奈地忽略未超过概率阈值的危险。但微乎其微的零星风险比比皆是，当我们将这些风险结合起来考虑时，驾驶舱中的人类终极决策者会带来的危险也就一目了然了。

适用于驾驶舱中的终极决策的情景同样适用于其他领域的终极决策。试想数字时代人类首席执行官的窘境，胆识、直觉、对他人动机的洞察等品质往往被视为现今商业成功的必杀之技。当下的商界领军人物成功地调整了为更新世设定的"认知硬件"，以顺应21世纪初期的商业环境中呈现出的机遇与危机并存的局面。或许，我们会震撼于通用电气公司首席执行官杰克·韦尔奇(Jack Welch)在"成本削减"上的天赋异禀，以及苹果公司首席执行官史蒂夫·乔布斯(Steve Jobs)在革除陈规上的大刀阔斧。但我们应当将这些成功放到大环境中去衡量，大环境中的人类商界领军人物也做出过具有毁灭性的错误决策，并导致了史诗般的倾覆。乔布斯的克星是约翰·斯卡利(John

Sculley)——1983至1993年苹果公司的首席执行官。斯卡利对于苹果产品的不了解促使他将乔布斯扫地出门。试想,如果是商业人工智能的话,它将在吸纳并处理海量数据后才会给出推荐方案。它会利用关于股票价格、商业周期及公司收购情况的历史记录等一切已有信息。机器学习者会在这些数据中搜索规律模式,并以发现的结果指导未来决策,而人类只能依靠"胆识"的指引去利用已有数据的小型子集,因此,我们认为机器能够助人类一臂之力,这似乎言之有理。

相对于人类终极决策者的选择性注意力与有瑕疵的多线程任务处理能力,终极决策中所需要的"思虑周全"很可能是未来人工智能的强项。

机器制霸终极决策权是预料中的事,但是我们决不能低估其所带来的影响。一些作家企盼人类在终极决策阶段仍然能扮演一定的角色。比如,麦卡菲与布林约尔松坦言,在数字时代,人类诊断医师在疾病检测方面还将占有一席之地。当谈及由未来的人工智能给出的一份医疗诊断时,他们说道:"由人类专家复核这份诊断仍然是明智之举,但是计算机应当打先锋。"但凡人类在"最后一英里"中还有任何施展的余地,我们便能轻易将自身的贡献认定为"最重要"的。"抗癌X计划"无力反抗那些将多数时间花在观望它履行职责,最终却居功自满,拿着全新的白血病治疗方案去捧诺贝尔奖的人类"专家"。"抗癌X计划"可以向人类决策者屈膝膜拜,不论男女,由他们来居上位。但问题并不仅仅在于,从客观角度考量,人类的贡献是次要的,而是如果作为终极决策者的人类的实力与机器的实力相去甚远的话，人类可能就不应该参与其中。不管你在维基百科网站浏览了多少关于心脏功能的网页，当你在观摩心内直观手术时，对于下一刀该往哪儿切，你最好能一言不发。你的参与将干扰手术的进程，而非对其有所助益。同样的警示也适用于在数字时代人类专家对于医疗人工智能给出的诊断进行复核的做法。当自动导航系统的驾驶技术远胜于人类飞行员时，我们可能就不应该给人类任何机会去推翻自动导航系统的判断。数字时代喷气式客机的驾驶舱门不但要向恐怖分子关闭，可能还要杜绝人类飞行员入内。

还有一种为人类终极决策者辩护的言论承认人类落于下风。我们将倍增的风险视为同由人类控制的组织机构打交道所付出的些许代价。我们明知许多活动的危险性却仍义无反顾。思虑周全的乘客很清楚，他们所乘坐的商用飞机并不能百分之百保证他们可以安全抵达目的地。他们知晓风险，并认为这样的风险是在可接受范围之内的。他们也认可，在启用人类飞行员——驾驶舱中的人类终极决策者时，他们遭遇危难的概率会有些许上浮。如果我们认为一睹意大利城市锡耶纳的“芳容”所产生的愉悦足以说服我们踏上商用飞机的话，那么承担些许额外风险并让人类飞行员有用武之地又有何妨呢？

本书将两大经济模式，数字经济与社会经济区分开来。数字经济的核心是效率。在社会经济中，我们也在意效率，但对于同类的偏爱让我们有时宁愿牺牲效率，在“有人类参与的较低效方案”与“无人类参与的较高效方案”之间选择前者。我们在享受与同类互动的益处时,已经全然准备好忍受低效。但是,有些活动中似乎并不存在可以从人类互动中获取的补偿性收益。在我们眼中,飞行员偶尔马失前蹄与咖啡师偶然失误是两码事儿。如果我们能与飞行员交流互动,那么就算增加些许死亡风险也在情理之中。但是恐怖主义的威胁日渐将我们与飞行员隔绝开。既然不能从人类互动中获得补偿性收益,我们便愈发无法忍受伴随人际互动的额外风险。

我们应当从长远角度来进行风险评估。某种限度内的风险可以接受,可是如果再升高毫厘便不能接受,这并不是由人类生理或心理的客观特征决定的。我们是通过比对其他人类行为来判断风险。简单来说,在过去数百年,人类的生活已经变得安全多了。之前被认定为万无一失的活动,如今在我们的眼中却是异常危险的。现在许多人认为与吸烟相伴的风险是难以承受的。但畅想一下,如果将香烟送到生活在中世纪的人面前,他们大概会得出截然不同的结论。他们会看一看与吸烟有关的健康统计数据(这些数据将令许多现代人大惊失色),然后,他们会将这些数据放入当时典型的日常生活中去考量——等待下一轮黑死病狂潮卷土重来、被周边领主强征入伍以及庄稼歉收之后食不果腹等。最终,他们很可能会认为由吸烟导致的患癌指数上升根本就不值一提。

风险评估的相对性对于如何选择驾驶舱中的人类终极决策者也具有启发性。假设除了飞行之外,人类生活的方方面面都

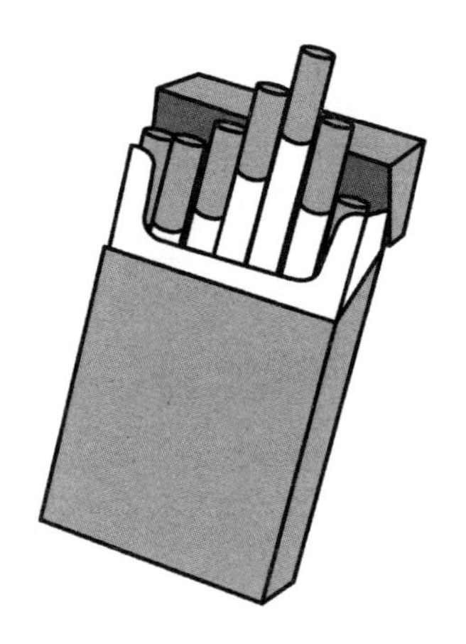

日益提升。数字技术的发展将带来疾病治疗方案。虽然现在的旅客能欣然接受与人类飞行员相伴而来的各类风险，但未来的旅客可能不会。他们可能将认为同意乘坐人类飞行员驾驶的喷气式客机是极其鲁莽的行为。

数字时代的劳务市场猜想

当我们将数字技术集成包放在经济大背景中考量时，它对于“工作即常态”理念造成的威胁会进一步加剧。假设人类遵从奥特尔的提议，争相成为数字经济中的O形环，我们便会极力通过强调人类贡献的重要性来证明人类获得高昂薪酬是合理的。这些策略在短期之内能够奏效，但从长远角度来看势必会弄巧成拙。经济的关键点在于O形环——如果这些O形环确实至关重要，那么假如失去了O形环，数字经济就将崩溃。但这一推论丝毫未提及充当O形环角色的究竟是谁或者是什么。数字时代生产链中的人类劳动者应当明白,人类的表现越出色,设计数字机器以全面或局部取代人类的经济刺激就越强烈。留在数字时代生产链中的人类脑力工作者会感到自己仿佛是被猎杀的狐狸,面对着猎犬的紧追不舍,自己只能从一处临时避难所流窜到另一处。唱衰人类的工作的经济论调则表示这些避难所都是临时的。唯一能让人类真正感到安全的方法是让那些探索数字技术集成包新应用途径的人相信,人类赖以谋生的职业中所蕴含的经济价值是微乎其微的。

此前,我们研读了奥特尔与多恩关于数字时代劳动力两极分化现象的阐释。他们将其解释为自动化的不同影响。总体而言,相较于中层工作,位于顶层与底层的工作更能对抗自动化的侵袭。但我认为,一旦环境条件发生变化,对目前的合理解释将无法预测未来。我们应该期待工作场所的重组,使底层的工作更容易自动化。商界传记中盛赞的创造力和洞察力一定会被用来与未来机器学习者发现模式的能力一较高下。可想而知,我们用以攻克癌症的超级人工智能同样也可以用来应对商业挑战。

我猜测,被奥特尔与多恩视为当下劳务市场的特质的两极分化现象同样也是未来劳务市场的显著属性,但这纯粹是由经济原因所致。薪酬待遇差的工作存留的时间更长,这可能是因为完成这些工作的人愿意继续降薪从业。酒店服务员收入微薄,如果他们的薪酬能与会计师一样高,我们或许就能感受到实现酒店服务工作自动化的驱动力的提升。自动化的特点是引入替代人工作业的系统的一次性成本相当高昂，但后续的机器保养费用与偶尔的升级费用则要低廉得多。这与支付给人类雇员的持续性高昂成本不同。此外，人类雇员还想要阶段性加薪。自愿降薪工作的策略能减少持续性成本。收入微薄的人类劳动者在劳动力市场中存留的时间会更长，直到自动化的完善令取代他们的经济潮流变得势不可挡。会计师可能将比酒店服务员更早消失，但最终就连薪资微薄的人类劳动者在成本上也会失去竞争力。

与奥特尔和多恩的观点不同，我认为，数字技术集成包可以更加轻松地应对顶层工作带来的挑战。机器学习者在提高商业巨头的决策能力方面将得到不断完善。在 2015 年末，马克·扎克伯格坦言，“在 2016 年，我的个人挑战是打造一台简易的人工智能机器人，替我打理家务，帮我一起工作。”他期待这台人工智能机器人“类似于《钢铁侠》(*Iron Man*)中的贾维斯(Jarvis)”。扎克伯格版的贾维斯能够“帮助”他所传达出的言外之意似乎是扎克伯格被取代了，并夸大了他自身在与脸书-贾维斯共同掌舵为脸书赢取未来的商业胜利中的贡献。

其实，相对于熟知股票价格、商业周期、有关公司收购情况的历史记录等全盘信息并训练有素的脸书-贾维斯而言，扎克伯格的商业决策很可能要逊色一些。试想一下，面对癌症，如果另外一个选择是“抗癌 X 计划”的时候，我们会如何看待癌症遗传学人类专家的建议，那么，我们就应当如何看待扎克伯格的决策。但是有一个理由表明我们不应当期望扎克伯格将脸书的掌门人之位拱手让给一台机器——他非常享受于运营自己创立的公司。对扎克伯格而言，他很可能会沉浸于思考什么样的企业是脸书潜在的收购对象之中。换一种说法就是，扎克伯格并不想成为吃息族——靠资产衍生的利息收入过活的人。他要是想成为吃息族，现在就完全可以做到，这一点我们心知肚明。扎克伯格所积累的财富足以让他在余生都流连在奢华的度假胜地之间。但他珍视自己的能动性。甚至当他明白自己对脸书-贾维斯的建议提供不了任何有价值的参考性意见时，在为脸书选择适合的并购对象一事上，他也仍然很享受行使最终决策权。在数字时代的经济模式中，扎克伯格与他的继承人有财力继续发挥他们的能动性，即便是我们在对脸书-贾维斯和扎克伯格及其继承人的能力进行冷静评估后发现，扎克伯格及其继承人还不如就去当吃息族，终日往返于奢华的滑雪胜地与热带天堂海岛之间。

当一个穷人的工作可以由机器更加出色地完成时，这个人便会陷入困顿。但对于认为这个穷人的存在已然多余的机器所有者而言，情况就截然不同了。扎克伯格珍视自己的能动性，即便是当数字决策者明显棋高一着时，他也能为享受这难能可贵的乐趣而买单。此时的他就像是一位被宠坏了的中世纪的王子，妄自率领军队投入战斗，然而，其实那位头发斑白、出身低微的老兵比他更在行。他能率领千军万马，仅仅因为他是王子。

在第五章中，我将盛赞这种能动性，并探讨拓展能动性行使范围的设想，使之不仅是那些有财力沉溺于幻象之中，认为自己比机器技高一筹的人的专属特权。但在本章中，我将以哲学家的姿态，在未来机器将会为人类带来什么影响这一问题上，阐明消除分歧的最佳方案。

从哲学视角看待乐观主义者与悲观主义者之争

人类在数字时代的经济模式中究竟扮演着何种角色？争议的其中一方是持乐观态度的经济学家。他们深信，人类凭借聪明才智，必将挖掘出兼具成效性与治愈性的工作。他们通过令人耳目一新的归纳性论证列举出诸多案例，证明工作似乎会横空出世，以此佐证其乐观态度的合理性。他们援引了一系列历史案例，表明在技术性失业带来的痛苦滞后期，人们饱尝对未来工作的恐慌与绝望，但接踵而来的却是各式各样我们不曾有过，甚至是在它们问世前从未想象过的工作。我们将失去的工作与这些新兴的工作进行对比，并且展望未来。在我们的遐想中，随着机器的实力越来越强大，我们仍然能够找到人类建功立业的新途径。争议的另一边是悲观主义者。他们沉沦于数字技术集成包的改天换地之力。如果将其与唱衰人类工作的经济论调放在一起考量，我们便能想象，在兼具成效性与治愈性的工作闪亮登场之后，这些工作也会迅速被数字技术集成包横扫一空。我们认为人类应当置身于决策层的顶端，这种理念错在妄自尊大，我们总认为自己有能力做出比人工智能更英明的抉择。但其实，数字技术集成包的千变万化之力使其有能力扮演任何一种新型的经济角色。

那么在数字时代，关于人类能动性的问题，我们究竟应当持乐观态度还是悲观态度呢？有证据表明，对于个人而言，些许乐观偏差是有好处的。临床上被诊断出患有抑郁症的人往往对自己的社会地位有更加真实客观的评估。如果乐观偏差是引领你自信穿梭于社交世界所要支付的学费，那么这笔学费似乎物有所值。但是，当涉及数字革命这个主题时，如果我们坚定地去"看到光明的一面"，那我们就要付出相应的代价。我们最好以悲观主义者的身份来应对数字时代的不确定性。对于个体而言，乐观一些并无坏处，但对于人类共同体而言，悲观偏差通常更有益处。集体性悲观是一种必不可少的有效手段，能够防止数字革命演变得比我们预想中的更糟糕。

那么，关于未来的看法上的分歧，我们该如何理性应对呢？传统做法是弄清楚谁是对的。你应当全情投入，着手厘清正反两方中论据更有力的是哪一方。这种方法特别适用于学术研讨。但是，当辩论中的辩手走出会议室，开始为那些可能受到这些辩题影响的人出谋划策时，这种方法就不太奏效了。对于数字时代的"工作即常态"前景，我们究竟该持悲观态度还是乐观态度，过早下结论将带来不少危害。乐观主义者和悲观主义者手中都既没有水晶球，也没有改装后能够实现时空穿梭的装置。在这种情况下，面向未来时，我们更为重视的态度应当能在最大程度上帮助我们抵御未来可能存在的噩运。

当你为居所购买防火灾保险时，你也会采取同样的做法。我的房屋位于惠灵顿，它已经矗立了100多年，从未遭遇过火灾。在不久的将来，它也不会毁于火灾，对于这一点我信心十足。屋子里有一处开放式壁炉，对于壁炉的使用，我和我的家人们十分谨慎，哪怕在最寒冷的冬夜也不会点燃。但是，我们还是购买了防火灾保险，并始终及时交纳保险费。如果我的房子从未承受过火灾带来的损失，那么这笔开销似乎是多余的。将这笔钱花在外出吃饭和看电影上岂不是更好？但是，这种看待保险的思路是错误的。只要你认为小概率事件的后果是灾难性的，为这类事件投保就是明智的。当我购买防火灾保险时，我考虑的是发生火灾的概率。如果我将发生火灾的概率评估为零，那我不会购买防火灾保险。但假设我认为还是存在着不可忽略的概率，那我就要去比较防火灾保险成本与房屋失火可能带来的惨烈后果。如果相对于我的房屋的价值而言，保险费是昂贵的，那我也不会投保；但如果相对于房屋价值而言，保险费足够低廉，那么我就会选择投保。

将这种保险思维纳入悲观主义者与乐观主义者的争论之中对我们大有帮助。我们可以将悲观主义者的论调视为对未来各类风险的防范。在未来世界中，数字技术的高歌猛进极大地降低了人类能动性中所蕴含的经济价值，因而人类将无力找到工作。如果乐观主义者是正确的，那么宣扬这般脑洞大开的论调似乎是徒劳的。我们想象不到的炫酷工作终将闪亮登场。创意十足的悲观主义者大可不必思考该如何应对数字时代人类无业可依的危机,而是可以将想象力投入其他领域。如果人类并没有那么担心如何应对根本不会成真的危机的话,这些精力也可以被投入交响乐和电脑游戏的创作开发中去。

想一想《伊索寓言》(*Aesop's Fables*)中那个大喊"狼来了"的牧童吧。那个牧童厌倦了看管羊群的活儿,所以他决定找点乐子,大喊"狼来了! 狼来了!"村民们连忙冲出屋外去赶狼,结果发现根本就没有狼。牧童如法炮制了数次,当最后狼真的来了的时候,谁都没有理睬他的呼救。狼驱散了羊群,只剩下这个牧童独自哭泣。

不难理解,这则寓言强调了说实话的重要性。要不是这位牧童几度撒谎,在他大喊"狼真的来了!"的时候,人们也不会袖手旁观。但是,对于扮演村民这类角色的人而言,他们从中也能习得一番道理。当看待尚无定论的观点时,我们不能过于自信地认为过去狼没有出现,它以后就一定不会出现。在早期的数次预警中,狼并没有出现这一事实似乎坐实了狼将永远不会出现的归纳性论调。随着狼一次次未现身,我们便愈发信心满怀地认为狼根本就不会来,但这并不能消除小心防范的重要性,我们需要在不影响其他关键任务的同时做好防范工作。这个牧童不应该谎称狼来了,但羊群受到狼患威胁的村民们也不应该认为,迄今为止狼没有出现就意味着无须为将来遭受狼群袭击而惶惶不安。惯常说瞎话的牧童应当受到斥责,但同样地,如果把狼赶走并不难做到,那么村民们就应当在每次听到"狼来了!"的呼救声的时候都应声而至并保卫他们珍贵的羊群。这则《伊索寓言》故事的传统寓意是“如果你一直编瞎话，人们此后便不再相信你了”，而我们还可以补充一条——“如果有人一直提醒你有坏事要发生，那你就考虑一下采取行动所要付出的代价吧，假如代价微小，就别被归纳性论调过分蒙蔽了双眼，从而什么都不做。”

一些对技术进步持乐观态度的人会以 1894 年的“马粪危机”(Great Horse Manure Crisis)来论证对未来持悲观态度的愚蠢之处。在 1900 年前的每一天，在伦敦的街头巷尾都有 50000 多匹马在运人驮物。这些马排泄出了大量的马粪。1894 年，关于马究竟产生了多少马粪，据说伦敦的《泰晤士报》(*The Times*)有一句流传甚广的名言：“50 年后，伦敦的每一条街道都将被埋在深达 9 英尺[①]的马粪之中。”我们现在回头去看，可能会心生好奇，为何这位敏锐的观察家会忽视汽车的问世。汽车的问世大幅减少了伦敦城中马匹的数量，使“马粪危机”变成了一个完全无须解决的问题。没有人愿意成为笑柄，就算嘲笑你的是你的子孙后代，这也丝毫无法减轻嘲笑带来的痛楚。

我力荐的保险思维则反映了针对“马粪危机”的另一种评价模式。19 世纪 90 年代的伦敦人乘坐的双轮双座马车并不能穿越时空。或许有些人反应尤为灵敏，对于 19 世纪 80 年代至 90 年代的卡尔·弗里特立奇·本茨(Karl Friedrich Benz)引领的汽车技术的进步了若指掌，他们也许曾经猜想过卡尔的发明将

---

① 1 英尺≈0.30 米。——译者注

使城市的面貌焕然一新,但他们也无法笃定。如果奔驰汽车排放的废气是有害的,汽车因此不能被引进到伦敦,那又当如何呢?保险思维关注的是,对于伦敦马粪日益堆积成山的问题,花些心思去寻求解决之道所需付出的成本是多少。对于充满不确定性的未来而言,思考如何定期清理伦敦街道似乎便是一种成本低廉的防范之法。

我们对保险的价值的衡量,并不是以它是否能够准确预测未来为依据,而是从成本角度出发。如果成本足够低廉,防范某些小概率灾难的险种也值得购买。一些脑洞大开的企图就如同廉价的保险费一般,替我们预防未来中的一种可能性:在数字时代,"工作即常态"图景将荡然无存。如果乐观主义者是对的,那我们便能高枕无忧。但这并不意味着,仅仅因为预想没有成真,悲观主义者提出对惨烈结局有所戒备的做法就是错的。如果我们不严肃思考如何应对全人类失业的未来,那么我们便低估了数字时代。我们企盼那些乐观主义者是正确的，这就很像那些断然不买火险的人指望着他的房子永远不要着火一样。

某些预言认为数字革命对于人类能动性蕴含的经济价值造成的威胁是此前所有的技术革命都不曾有过的，我们姑且假设这种论调是不实的。在一段“短暂性失调期”过后，新的技术将产生新的挑战和新的高回报性工作，这些挑战和工作在问世之前都是人们无法想象的。每项新进步将催生各色新型人类O形环。相较于被历史淘汰的工种而言，这些新工作更能激发人们产生心流状态。从事这些工作的人会无限同情那些曾经陷于各类苦差事中无法抽身的劳动者，并为这些工作的不复存在而深感欣慰。我们会后悔自己幻想出了末日情境，预设了工作的土崩瓦解以及与之相关的另一番图景吗？如果我们将思考视为防范未来风险的投保行为，而它防范了一种未来的可能性——机器将更为出色地扮演每一种新型经济角色的话，我们的答案是否定的，我们不会后悔。那么，我应当如何看待多年以来为防范房屋火险所交纳的保险费？从某种意义上来说，这笔钱打了水漂。但如果我将保险视为步入迷雾重重的未来世界的一份保障，情况就不同了。如果数字革命摧毁了诸多工作，同时创造出了一些新工种，但当由于这些工种的数量太有限，“工作即常态”标准无力维系下去时，这份保障便是我们为应对这种未来提前做好的准备。假如数字革命对“工作即常态”理念没有任何影响的话，我们将深感欣慰，但同时，我们也为在任何未来技术革命终止人类工作的可能性上的常备不懈而表示由衷的感激。“工作即常态”图景或许在数字时代能够一直保持生机,但这种辉煌在未来的一次次技术革命中是否都能上演?对此,我们并无十足的把握。到了以量子力学的伟大创造力为核心的技术时代,“工作即常态”图景还能继续呈现吗?

持续交纳保险费是为人类迈入迷雾重重的未来所提供的一份保障。因此,它体现着对人类工作的新可能性的一些创新性思考。有人认为,在专为机器设定的任务领域中,人类或许能够比机器完成得更出色。在此后的章节中,我的思考方向将偏离这一角度。在第二章中,我力证人类对于有思维能力的机器的探索远逊于其对能承担脑力工作的机器的探索。人类能在工作领域立于不败之地依靠的是人类最引以为傲的能力——思维能力。数字革命时期最强大的脑力劳动者也不可能成为“心灵俱乐部”的成员。

结语

本章探讨了在人类能动性的经济价值一事上,悲观主义者与乐观主义者之间的争论。乐观主义者预计“工作即常态”图景将在数字时代继续呈现。悲观主义者则坦言,数字时代中还将存在靠人工完成的工作,但对于人类而言,这些工作的数量是否足以支撑“工作即常态”理念,这一点仍然存疑。乐观主义者看好人类的聪明才智。在过去的挑战中,我们总能找到有效的新型应对之道。悲观主义者则以数字技术集成包的千变万化之力对乐观主义者反戈一击。而我认为，我们应当更为重视悲观主义者的论点，将悲观主义视为一种宝贵且代价甚微的防范之策，并以此应对人类无业可依的未来。

相对而言，准备好去面对一个悲观主义者预言的将应验的未来世界所要付出的防范成本是低廉的。人类只需要严肃地思考：如果在未来世界中，数字革命摧毁掉的工作远远超出它创造出的新工作，我们该怎么办呢？倘若如此，“工作即常态”图景便岌岌可危。如果乐观主义者猜中了，那些宣扬脑洞大开的论调的努力便白费了。我们大可以活得安逸自在，沉浸在幻想子孙后代从事的新型工作之中。但是，如若我们信心十足地迈进数字时代，却发现许多工作土崩瓦解了而我们心心念念的新型工作并未如期而至，那又该如何呢？相对于这种一败涂地的局面而言，煞费苦心地进行筹谋的成本便是微不足道的。

在下一章中，我将从另一个角度出发去评估人类的能动性。我们寄希望于数字革命创造出人类可以从事的新工种。我们也坦然接受，所有的新经济角色如果由机器充当，其效果将完胜于人类。但我们应当考虑的是，在人类彼此间的互动中，我们珍视的究竟是什么。

第五章

机器人恋人和机器人服务员是否拥有真情实感?

我们要整装待发,准备好迎接一个数字技术集成包淘汰了许多工作却没能衍生出足量替代性岗位的未来,这才是我们应对充满不确定性的数字时代的上上之策。我们应当在超越数字技术集成包的范畴里寻找被它所淘汰的工作的替代品。如果有人认为数字技术集成包能够在短暂的技术性失业间歇后创造出更炫酷的工作来替代被淘汰掉的岗位,那么这种想法是错误的。我们预计数字技术集成包能打造出新的经济角色,而人类或许能够扮演这些角色。但数字技术集成包的千变万化之力让我们不禁认为这些角色如果由机器充当,其达到的效果将完胜人类。落入人类劳动者囊中的薪金将转化为一股驱动力,驱使着人类去打造效率更高、成本更低的机器。

在本章中,我充分阐明,有一类社会型工作的基础是人类热衷于与自身相仿且有思维能力的动物进行互动。人类乐于与

“心灵俱乐部”中隶属人类分会的成员互动。我们若要畅想人类在数字时代的生存状态，就需要重新思考工作在我们心中的可贵之处。我认为，我们应当以社会-数字经济模式来构建社会形态。这种经济模式中包含着两类不同的经济活动流，其核心体现为两种截然不同的价值取向。

数字经济的核心价值观是效率为先。我们将根据潜在贡献者创造正向成果的效率来对他们进行评估。如果我们以成果为依据来定义劳动目的，那么我们将无法长久地对抗机器的替代。

社会经济的核心价值观是人性为先。这种经济的收益流向拥有人类思维能力、跟人类一样有七情六欲的生命体。我们为隶属“心灵俱乐部”中独特的人类分会而骄傲，并热衷于与其他同类互动。当然，我们同样注重效率。但有时我们宁可牺牲效率，在“有人类参与的较低效方案”与“无人类参与的较高效方案”之间选择前者。图灵梦想制造出与人类一样拥有思维能力的机器。人工智能领域的实用动机为人类带来了机器学习，让我们致力于探究在打造能够聊天的机器方面所需要的机会成本。然而，真正赋予数字时代驱动力的机器其实不具备与人类相当的全方位心理能力。当人类误入强调计算机技能的数字经济领域时，我们将适当地摒弃人类的低效性。但当计算机越界闯入专属于人类的领域时，我们也要勇于对数字技术说不。当我们做出以上选择时，我们便完美地证明了人类对由拥有思维能力的生命体创造出的成果有着强烈的偏爱。

社会-数字经济并不是一种预言。这种经济也可以轻而易举地被其他形态的数字反乌托邦所取代。在其中一种数字反乌托邦的构想中，人们信奉的是效率为王。人类被迫与效率更高的机器展开低价竞争，并最终向反对人类劳动的经济论断低头。对于我们人类而言，我提出的社会-数字经济是我们生存于数字时代的最理想方案。为了实现这一目标，我们必须付出努力，并调整自己的心态。我们对数字革命中诞生的各色精巧玩意儿与应用程序都耳熟能详。现在，我们需要的是一场能与数字革命相匹敌的社会革命。这里的“社会”指的是被数字革命淘汰的人类劳动者有机会从事社会经济领域中的工作，因而与社会主义者所定义的“社会”截然不同。数字革命将呈现科幻小说中描绘的各类技术，而社会革命则能从某种程度上重振人类的群居属性——在人类文明开化之前我们就具有的属性。

爱上一个机器人是什么滋味？

在社会-数字经济的两大分野中，社会型工作的最鲜明特征就是人际关系。在我们的生活中，许多重要的关系都产生在工作领域之外，其中就包括恋爱关系、亲子关系与朋友关系。但是，也有许多重要的关系是在工作领域内建立和发展起来的。我们享受着与老板、同事与下属雇员之间的特定人际关系，我们与我们的服务对象以及为我们提供服务的人之间形成纽带。或许，我们会更加注重工作领域之外产生的情感，但这并不意味着在工作领域内产生的人际关系就无关痛痒。

在以情感关系为核心的工作中，机器的糟糕表现在我们思考恋爱关系时最为明显。最近，关于人工智能的一大故事主题就是机器人如何令它们的恋人大失所望。在电视剧《黑镜》(*Black Mirror*)的其中一集中，马莎(Martha)因男朋友阿什(Ash)去世了，便用一款外表与阿什酷似的仿人机器人来替代男友。这款机器人的性格特征是以阿什生前在网络上留下的文稿为基础设定的。起初，马莎惊叹于"假阿什"的床上功夫，因为真阿什过去常会心不在焉。当马莎问"假阿什"他是如何做到的时，他的回答是"以色情片为基础设定程序"——这个答案似乎并不令人满意。在马莎不断想要从"假阿什"那里获得如人类恋人一样的回应却屡屡失败后，他们的关系便开始一落千丈。这集的结局是"假阿什"被闲置到了阁楼上，并在那里无怨无悔地等待着在周末和生日时与马莎和她女儿之间的零星互动。

只有在性爱方面，人类会倾向于效率为先的价值观。"假阿什"在这些方面比真阿什更胜一筹。他的编程模式意味着他的程序中可能存储着类似电影《五十度灰》(*Fifty Shades of*

Grey)中的场景，或许那是马莎为了特殊时刻准备的。这些性爱细节显然是重要的，但人性也同样重要。马莎不仅想要恋人能够在"滚床单"的规定动作上表现出色，她还希望能得到情感上的回应，而在这一点上，"假阿什"无能为力。

当然，到了将来，"假阿什"可能会被改进得更加理想。其主要缺陷所属的领域正在发生日新月异的变化。我们预计，就以"我爱你"为开场白的对话应该如何持续深入这一问题，程序员将会开发出更为人性化的方案。或许，机器人的恋爱程序终将得以不断完善，达到与人类恋人难分真假的程度。在人工智能飞速发展的今天，这种境界或许指日可待，但我们却曲解了马莎对于"假阿什"的怨念所在。她不满的并不是"假阿什"的回应，而是她极度怀疑，在这些应答的背后空无一物。她疑心，"假阿什"的甜言蜜语背后并不存在任何真情实感。从这个角度出发，无论对"假阿什"的程序进行何种改良，都无法将他从精神世界与笔记本电脑无异的载体转化为与马莎一样拥有精神生活的生命体。假设"真阿什"遭遇了车祸，大脑中指挥亲密行为的某些机能损毁了，他就不得不通过观看色情影片来重新学习性爱技巧，虽然这种行为模式与理想状态的浪漫关系相去甚远，但马莎却可以信心十足地认为，这样的阿什拥有精神生活，并且他的精神生活在许多重要的方面都跟她相似。他的一字一句背后体现的是真情实感，是真情实感指导着他的行动。

想一想在1975年的电影《复制娇妻》(*The Stepford Wives*)中，从机器人伴侣身上映射出的好莱坞式思维吧。这部影片的故事发生在康涅狄格州一座风景如画的小镇上，小镇上的女性都被机器人取代了。这些机器人只在意家务，以及如何满足丈夫的需要。我们无从判断这一桥段中凸显出的哪种理念更令人毛骨悚然——究竟是“妻子”没有人类专属的精神生活，还是丈夫压根儿就不在意“妻子”的内心世界，甚或他们认为这种对“妻子”的无精神生活的设定是一种进步。

而我想列举出无数涉及“情感”的情歌歌词来证明人类其实在意伴侣是否有真情实感，包括惠特尼·休斯顿（Whitney Houston）的恳求《我想和爱我的人跳舞》[*I Wanna Dance with Somebody* (*Who Loves Me*)]、比吉斯乐队（Bee Gees）的追问《你的爱有多深》（*How Deep is Your Love*）以及正直兄弟（*The Righteous Brothers*）表达出的内心恐惧《你已失去了爱意》（*You've Lost That Lovin' Feelin'*）。

这种马莎身上有而“假阿什”与那些机器人“妻子”身上没有的特质，用一个哲学术语来描述就是“现象意识”，说得更通俗一些就是“情感”。换言之，马莎是有感知能力的，而我们担心“假阿什”或机器人“妻子”并没有。我们是“心灵俱乐部”的成员，列席俱乐部中的人类分会，并拥有专属于人类的思想与情感。

在这里，我不会旁征博引，用翔实的哲学理论来说明“情感”的属性是什么。但是，对于看似棘手的关于“现象意识”的哲学问题略知一二却大有裨益。从宏观角度而言，这种“现象意识”似乎源于人类为了证明自身的特殊性而不断刨根究底的欲望，这种欲望由来已久。一些宗教信徒声称，人类之所以与自然界中的其他物体不同，是因为人类拥有不朽的灵魂，而即便是最强大的机器学习者也不具备这一点。根据某些信徒的说法，是无所不能的神将灵魂注入人类体内的。在社会的其他领域中，宗教信仰的威力已经大不如前，因此，这个关于人类特殊性的故事的影响力也打了折扣。对于没有宗教信仰的人士而言，“现象意识”理论正好替代了不朽的灵魂，而这也让他们很容易接受该理论。人类是具有情感的，树和机器学习者则没有。能佐证这种非物质的现象意识存在的证据不仅源于相关历史典故，还源于我们的经验数据。这些论断中最具有历史影响力的莫过于勒内·笛卡尔(René Descartes)的观点。他认为，人类接触并感受自身思维的方式与我们接触并感受物体的方式有本质上的不同。

本章切入探讨“现象意识”的方式与哲学家惯常运用的传统切入方式也有所不同。传统哲学家会针对机器人具有意识这一观点发问：“机器人有感知能力吗?”认为具有意识的机器人并不存在的人则列举出了计算机处理信息的方式与人类的意识思维之间的各种显著差异，他们认为未来计算机的强大的计算能力并不仰仗于现象状态。持计算机可能具有意识的观点的人则力证，人类并没有证据可以证明计算机缺少意识状态。正如我们所见的一样，在处理原本是人类专属的认知任务方面，计算机已经展现出了令人惊叹的能力。它们在象棋对弈以及游戏节目《危险边缘》中击败了人类。那么，为什么不能通过提高计算机的编程与计算能力来打造具有感知能力的机器人呢?

于是，在本章的开篇问题上，我们切换了着眼点，采用第二人称视角来看待具有意识的机器人。我们问的是:“爱上一个机器人是什么滋味?”当人类与机器人坠入爱河时,我们对于机器人是否有感知能力没有把握,这一点成了至关重要的问题。机器人是否与我们休戚与共会对我们推敲这一问题的方式产生重大影响。当我们谈及最在意的情感关系时,只要有痕迹显示出你的伴侣或许没有感知能力,这便足够可怕了。伴侣远不仅是一个性伙伴,他还可以为你泡咖啡并接孩子放学。第二人称视角改变了我们对计算机与现象意识的认知。我们最为关注的兴趣点并不是哲学命题的真伪,而是大多数人视若珍宝的生活特质。

假设你加入了这场关于有意识的机器人是否存在的哲学之争,并研习过正反两方的精彩论点陈述,在深入钻研之初,你会接触哲学家约翰·塞尔的观点,他认为计算机是不会思考的,言下之意就是计算机并不具有意识思维能力。在第二章中,我们了解了塞尔著名的“中文屋”思想实验,这一实验的结论是,即便是最精妙的程序也不需要且不会产生真正的思维。只要在谷歌上一搜索,你就能找到众多针对塞尔的观点的哲学回应。一些哲学家认为塞尔夸大了人脑与计算机之间的差别。虽然探知计算机运算要如何产生意识思维的难度很大,但同样,关于神经元的放电活动与突触动作电位的调整是如何使人类产生意识思维的,我们也很难理解。就后者而言,意识似乎是在某种恰当而足量的神经元突触活动中产生的特性。未来高度复杂的计算机或许也能产生这种特性。至此,一场艰深复杂的哲学辩论的始末已经呈现完毕，速度之快令人咋舌。此时，我关注的并不是辩论本身的细枝末节，而是如何高屋建瓴地点出哲学猜想的实践意义。如果一位才思敏锐的哲学家认为，表面上对你无微不至的机器人伴侣其实连些许最简单的思维能力都没有，你会有何感想呢？

哲学家看待有关现象意识问题的方式不带丝毫感情色彩，这与我们在看待关于爱人情绪感受的问题时所处的立场截然不同。假设你认定，相对于反方观点而言，“计算机可能有意识”这一论断的论据总体上来说更为鞭辟入里，那么你可能声称自己支持“计算机有意识”。但是，非黑即白的结论通常不适用于哲学辩题。这一点不难证明，因为即便是学识渊博、智商超群的哲学家在“拥有人类大脑是否是拥有现象意识的先决条件”这一问题上也莫衷一是。因而，引入可信度这一概念将对我们大有帮助。如果一个命题的可信度为1，那就意味着我们绝对相信这个命题为真；反之，如果这个命题的可信度为0，那就意味着我们绝对相信这个命题为伪。关于数字机器是否有感知能力这一命题，即便是最内行的人士都难以达成共识，那么理性的做法便是避开这些极端。你可以认为，总体而言，塞尔的论点相对众多反对者而言略胜一筹，更令人信服。将该论点的可信度设为0.7就较为理性，因为这表示你仍有所保留，塞尔的观点还有一定的概率是错的。又或者，你认为塞尔的反对者的论断大体上来说更加有说服力。那么，将塞尔的结论的可信度设为0则无法正确反映你的评价。在哲学研讨会中，可信度0.3便足以代表你否定了塞尔的结论。你可以根据此后接触到的各类观点随时升高或降低可信度。

现在,你再以第二人称视角关注机器人是否具有现象意识这一问题。假设你发现你的人生伴侣的脑袋中并不是人类的大脑,而是一台强大的数字计算机,想必你会大惊失色,并惊恐地意识到对你非常重要的另一半不仅不能回应你的情感,而且它属于那种永远无法与你实现情感交互的物体。你想到你的伴侣与你上演的所有浪漫场景,以及它的种种爱慕行径,这一切似乎都在完美诠释它对你的真情实感,而它的内在却可能只是漆黑一片,这简直如噩梦一般。尽管你认为相对反方观点而言,“计算机有意识”的论调略胜一筹,是更令人信服的推论,这也根本无法完全消除你的担忧。假设在“计算机是否有意识”的论题中,你已经大致认同了正方的观点,对于“计算机可能有意识”这一命题给出了0.7的可信度。那么,这便足以让你加入关于计算机是否具有意识之争中的正方阵营。但第二人称视角中暗藏的深意则让人不寒而栗。命题“你的恋人没有任何感知能力”的信度值可以换算为0.3。任何下过注的人都知道,三成赢的把握意味着有七成输的概率。当我们谈及所爱之人时,我们绝不会满足于听到“总体而言,支持机器人伴侣有意识的哲学观点比认为机器人伴侣没有意识的观点更加有说服力”。你会时时刻刻感到忧心忡忡,害怕一旦对你爱人的头颅进行了扫描,你就会发现那里面并没有大脑,而是布满了各种电路板。

我们可以用更加生动形象的语言描述这一推论,以减少抽

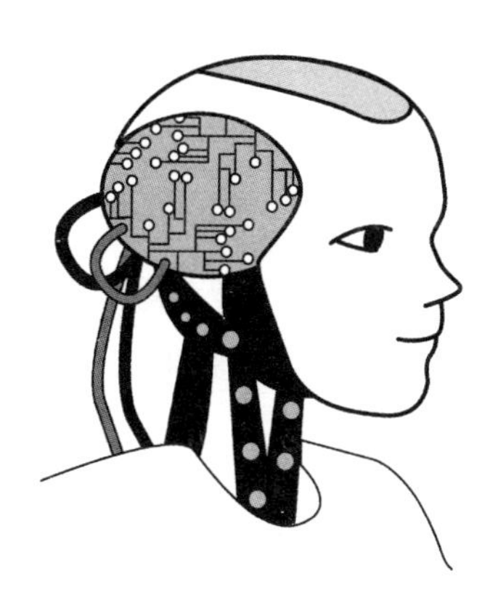

象的哲学色彩。假设有人告诉你，你爱了一辈子的人类恋人，虽然口口声声说爱你，其实却可能对你毫无感觉。他只是与你逢场作戏，看重的只有这段情感关系带来的物质利益。你的毕生挚爱会因为你英年早逝而欢呼雀跃，他伪装出的片刻伤心只是为了获得你在遗嘱中为他留下的财物。接下来，我们再假设这种可能性的可信度为0.3，这意味着很可能你的爱人对你就如同你对他一样是真心实意的。他对你情真意切的可能性为70%，而他内心深处对你的态度实则是鄙夷与冷漠并存的可能性是30%。我猜，这对于你的情感关系而言将是一个噩耗。

我们要区分对机器人体验的合理猜疑与极端怀疑论（极端怀疑论的吸引力在理论哲学的范畴之外已经一落千丈）。“他心问题”是反复出现的哲学命题。我的自省能力令我对自己的确拥有意识思维这一事实感到信心满满，但我无法通过内省触及你的意识思维，那我又如何肯定你也有意识呢？你是否可能并没有感知能力？会不会这个世界上只存在一个有意识的生命体，那就是我,而剩下的只是数以十亿计的披着人皮的僵尸呢？对于这种哲学怀疑论,我只能说,我们相信我们的同类是具有意识的,其可信度远超出我们相信计算机具有意识,哪怕是最高端复杂的计算机,我们也并不看好。似乎能够产生意识的神经结构同样存在于我们的人类伴侣的头脑中,这是我们相信表情痛苦的狗实际上就是在受痛苦折磨的基础,因为它的大脑结构与我们的相当类似,这也让我们确信,相对于按错了一个键后计算机出现错误的信号而言,狗所经历的情况要复杂得多。如果你扫描你爱人的头颅,发现其内部结构与苹果笔记本的构造别无二致,你一定会忧心忡忡,并暗自猜度他究竟有没有精神世界。但是,如果有人声称他严重怀疑你头颅中装着的人类专属的生物大脑是否能够产生意识,他一定会被当作一个哲学疯子,他的言语也不会有人理会。

我们对于人类伴侣的偏爱会在未来一直延续下去,即便是到了将来,性爱机器人能够对“我爱你”三个字给出各色人性化的回复。我们怀揣着这种对于人类伴侣的偏爱走向未来,这也在情理之中。假设机器伴侣已经是技术成熟的人工智能产品了,它能够针对问题给出人性化的回答且性能稳定可靠,在程序失灵的时候,它或许会对你的浪漫诉求回以“无法识别”,但其概率就相当于你的人类伴侣在中风之后也无法确切地回应你一样。此时让你在人类伴侣与智能机器伴侣之间做出选择,如果你选择了人类伴侣,那么你的选择很可能深受人类特殊性理念的影响,你深深地怀疑智能机器伴侣究竟有没有真情实感。你或许可以接受,即便是才智超群的哲学家也无法找到证据来区分这两位备选伴侣,但是你却不得不承认,伴侣有没有意识是一件严肃的大事,开不得半点玩笑。在处理与情感相关的问题时,你最好推己及人,顺应人类大脑可以产生意识的神经生理学观念。对我们大多数人而言,一想到与我们相爱相守且共度半生的人不仅过去无法与我们一样拥有真情实感,而且永远也不可能做到这一点,我们就会毛骨悚然。

我在前文中已经阐释了人类在人际恋爱情感关系中的偏向以及对人工智能爱情替代品的敬而远之,这是我们在无法确定机器人是否拥有感知能力时做出的理性反应,而这种偏向与成见中似乎也掺杂着情感因素。日本机器人专家森政弘(Masahiro Mori)的"恐怖谷"概念似乎能够凝练地概括出我们对人工智能生命体的反应。当我们与一个极度逼真但却区别于人类的电脑合成人物或是机器人互动时,我们往往会产生一种不安的情绪。"恐怖谷"是好莱坞极力尝试打造真人动画电影之路上的绊脚石。2004 年的电影《极地特快》(*The Polar Express*)中就包含了与真人相似度极高但却能被识别出并非真人的动画人物,美国有线电视新闻网的电影评论家保罗·克林顿(Paul Clinton)将此形容为"令人不寒而栗"。他说,影片中的人类角色看起来"死气沉沉"的,因此,"说得好听一些,《极地特快》看着让人心绪不宁,说得难听一些,那就是阴森恐怖"。阻碍电脑生成的影像唤起人类共情与同情之心的种种弊病之一就是它们的眼睛。当我们与他人互动时,会将一部分很关键的注意力放在他们的眼神中。人类眼睛中的白色巩膜似乎已经进化到了可以发挥某种社交功能的程度。进化后的我们极为关注他人的注意力放在哪里。当电脑合成人物的眼神与人类迥异时，我们立刻就会怀疑那是假人。《星球大战》中的礼仪机器人 C-3PO 在外形上与人类相去甚远，因而不会激发出这种焦虑感。我们甚至还觉得 C-3PO 惹人喜爱。但是，随着人形机器人的逼真度越来越高，它们往往会引发我们的不安情绪。机器人在外形和行为上与人类的些许差异会造成情感维度上的极大偏差。同样，这种固有的情感偏见似乎凝练地概括了我们对人工智能生命体的反应。

从恋爱关系到工作关系

恋爱关系与发生在工作中的情感关系千差万别。为我们开抗生素的医生以及为我们冲泡卡布奇诺的咖啡师与我们之间建立的情感关系是临时性的。以早上为你调制浓缩咖啡的咖啡师为例，你与咖啡师之间的这种美好的情感关系或许会转瞬即逝，但其中却也蕴含了与恋爱关系相同的特质。我们同样关注医生和咖啡师的精神世界。为了使社会需求得到满足，我们要与他人之间产生形形色色的关系。伴侣关系、亲子关系于我们而言至关重要。当其中一种关系恶化时，我们的人生或许就将遭遇剧变。当我们步入工作领域时，与工作伙伴之间的情感关系往往不会左右我们的人生轨迹，但这些关系同样意义重大。当你向咖啡师道早安，而他却故意视而不见时，你那一天的心情可能便会灰暗一些。人类的社交进化史解释了这种反应的合理性。卡乔波和帕特里克将之称为“内在固有的群居属性”。他们谈道，“作为具有内在固有的群居属性的物种，我们人类不仅需要抽象意义上的归属感，还需要真真切切地聚在一起的真实感受”。这种属性是进化的产物。对于智人种群的成员而言，优质的生活模式中包括许多正向的社会经历，比如相互打招呼并回应、在你神情落寞时他人的关切问询、门打不开时彼此的殷勤相助等。对于饱受社会隔离困扰的人而言，一切类型的人际关系都呈现出数量更少且质量不高的状态。如果我们将这些情感关系视为与具有意识的生命体之间的交流，这些关系的重要性便显而易见了。他们与你一样拥有最珍贵的特质——意识，并且他们在意你。或许有些与你同类的生命体会憎恨你，但至少从某种意义上来说，你对他们而言是重要的。让“其他人”从我们的日常生活中淡出，或许从客观角度来说，会使你的需求以一种更加优越的方式得到满足，但你将失去这些人类专属的点点滴滴。

2015 年，牛津大学与德勤(Deloitte)会计师事务所的研究者们进行了一项研究。研究结果显示，在未来 20 年内，服务员岗位将“极有可能”实现自动化——其概率高达 90%。当我们仅将目光投向“效率”时，这种结果合情合理。对服务员的效率进行适当评估时我们需要考虑他们下单的准确性、将顾客的点单传输至厨房的速度、为相应用餐者上菜的时间、放置碗碟的速度以及账单计算的准确性等。因此不难想象,相较于人类同行而言,机器人服务员的效率会更高。但我们珍视的是,服务员是否是像我们一样有感知能力的生命体。我们对服务员的精神世界很感兴趣。我们希望服务员能问我们“您喜欢这道土豆烧牛肉吗?”而服务员这么问并不是因为某项调查结果显示用餐者乐于听到这样的问题,所以这一举动才被编写到程序中,而是因为服务员的确在意顾客的喜好,哪怕这种在意是转瞬即逝的。外星来客大概完全无法领会人性的价值,它们不会在意上菜的究竟是人还是机器。或许,人类更希望服务员拥有现象意识的哲学论调在外星来客看来简直荒诞无稽。但是,对于我们人类而言,哪怕这些论调在哲学上并非无懈可击,但至少言之有理,因此在我们眼中人与机器之间的差别至关重要。

其他注重人际关系的职业还有教师、护士、咨询师、演员和作家等。我已经明确地说过,我们重视这些工作的部分原因就在于它们能让我们与社会上的其他人直接接触。在我们需要帮助的时候,与我们一样拥有思维能力的生命体会伸出他们的援助之手。

那么,人类注重与同样具有思维能力的生命体之间的互动,是否意味着在数字时代人类劳动者能够继续存在呢?如何让彼此之间完全陌生的人合作共建繁荣和谐的社会,解决这一问题的关键一环就是工作。新石器时代以前的狩猎采集者群体属于面对面型的社会群体。采食者通常对陌生人严加戒备。经济学家保罗·西布赖特(Paul Seabright)认为陌生人共同构建的繁荣和谐社会是人类的重大成就之一。他认为，假如“在整段进化史中，内敛、凶残的猿始终规避与陌生者接触”的话，那么，这种成功的社会将是镜花水月。我们“现在置身于上百万完全陌生的人组成的群体中生活、工作，来来往往”。根据西布赖特的说法，此举的最独到之处在于“在人类的生物进化过程中，没有任何证据显示我们有与陌生人打交道的天赋或喜好”。

内敛、凶残的猿最终进化成了相互信赖、具有群居属性的人类。西布赖特认为，这种进化很大程度上归功于围绕着人类群体所形成的各类市场与机构。狩猎采集者必须与群落中的其他成员合作，例如亲戚或者至少是熟悉的人。在互惠互利的交易活动的基础上，人类社会走向了繁荣。如果狩猎者齐心合力，他们捕获的猎物将超过单打独斗时能获取的猎物总和。工作将一次性的互惠交易变成了长期的既定模式。21世纪初期技术发达社会中的企业合作的复杂程度远远超过狩猎采集者的群体围猎或采集活动的复杂程度。畅想一下，为了给一处房屋供电，并保证屋内的人能在屋内进行网络搜索，每个工作人员所要付出的种种贡献。这些贡献者大多互不认识，但工作却能够将他们每个人所做出的贡献标准化。当你成为村里的铁匠时，你便会进行广泛的宣传，通知需要铸铁件的人家过来找你。你时刻准备着别人用货物或是金钱来交换你的铁件，即使那些人与你完全不相识。如果你是一名在谷歌搜索部门工作的软件工程师，你也会时刻准备着满足数百万陌生人的互联网搜索需求。工作能产生有价值的商品，但同时它也是一种重要的社会凝聚力，将无数心有疑虑的陌生人牢牢绑在一起,构成成功的协作式群体。

人类或许具备内在固有的群居属性,但人类若是自行其是,这种属性就会演变为思想上的狭隘。我们会努力搜索认识的人或者在某些方面与我们相似的人,而不会选择陌生人。一项研究显示,人类倾向于选择与自身有相似之处的人。安杰拉・巴恩森(Angela Bahns)、凯特・皮克特(Kate Pickett)与克里斯蒂安・克兰德尔(Christian Crandall)将一所大型的州立大学中形成的社交群体(这些群体在社交方面的选择更多)与来自同一地区的小型学院中的社交群体进行比较后发现,当有更多的选择摆在眼前时,学生们倾向于利用大型州立大学的更大选择余地去结交与他们自己相似的人。他们或许会说,自己来到了超级多元化的大学校园,为身边有各种各样完全不同的人可以结交而感到激动。但这话似乎无法反映他们进入大学之后的实际举动。反观人类在狩猎采集之初的做法，这种对于熟人或是在某些重要方面与我们有相似之处者的偏爱便不难理解了。对于狩猎采集者而言，陌生人是令人恐惧的。

在大型的多元化社会中，工作是陌生人之间产生联系的途径，它要求你跳出狩猎采集的舒适区，与陌生人建立人际关系。如果你想让你的咖啡生意失败，最快捷的做法就是只为亲戚朋友提供服务。但你希望的是能为所有光临的顾客调制咖啡。相对于人类咖啡师而言，机器人咖啡师端来拿铁的效率或许更高。但是，在你从人类咖啡师手中接过拿铁的一瞬间，一种社会凝聚力便产生了，那是一种将形形色色的陌生人聚合在一起，共建和谐社会的凝聚力。单是去一趟星巴克，你就很可能需要与他人产生社交接触，而狩猎采集者天性中的内敛则会建议你避免此类接触。

我们有理由相信，为达到共同目的而展开的齐心协作是一种尤为有效的可以消除人与人之间猜疑的方式。你或许成长于憎恨某个人群的家庭中，但当你的老板让你加入一个包含该人群成员的团队，并要求你与他们齐心协力去完成共同目标时，你儿时的成见便会面临严峻的挑战。当然，合作关系并不是工作领域所特有的。假如你报名参加周末的足球赛，你也可能会发现自己的队里有一些你不太信任的成员。但是我们必须承认，工作领域是产生这些人际关系的重要场所。

有些人极为看重现代多种族社会的多元化，并且接受工作终结论，甚至公然表示他们对此兴致高昂。或许他们认为，我们可以找到另一种代替工作的形式来营造社会凝聚力,但他们可不能光想想就算了。也许,我们可以打造出理想的社会主义社会,在这种形式的社会中每个人都欣然接受19世纪社会主义学界流行的由马克思推广的做法,也就是"各尽其能,按需分配"。在这个理想的社会主义社会中,尽管有些人使用着与大多数人不同的语言、有着与大多数人不同的信仰和容貌,但这一切都不重要。理想的社会是令人神往的,我们可以将之设置为长远目标。但同时,我们可以利用工作制度来赋予数字时代的人类有意义的生活并确保他们与陌生人之间能够建立联系。简而言之,工作是行得通的手段。它是我们拥有并值得一直流传下去的东西,直到我们能找到行之有效的替代物为止。

那么,我们又该如何抑制狩猎采集者天性中的狭隘观念再度显现并将我们的朋友圈限制在与自身类似的人群范围之内呢? 我将在第七章中回归这一主题,探究在完全没有工作或工作大幅减少的未来世界中,"全民基本收入"论调的拥护者们高涨的热情的来龙去脉。

我们在承认人类具备"内在固有的群居属性"的同时,也不否认有时候我们只想独处。与他人共处并互动的总体倾向是人类进化的产物,但这种总体倾向并不意味着我们必须时时刻刻与像我们一样拥有情绪感知能力的生命体待在一起。

在前文中,我已经将医疗机器人的进步写得很详尽了。我认为,总体而言,我们乐于享受人类医护人员所提供的便利,但在医疗领域,由于有些诊疗过程略显尴尬,我们有时的确希望能回避他人。如果由机器人为我进行前列腺检查，那我丝毫不会感到尴尬，不用介意屁股状态好不好，也不用担心午餐时点特辣的咖喱肉会不会出问题。此时，机器人心理状态的缺失反而成了优势。但是，这些都只能作为个案参考，并不违背人类倾向于与他人互动的一般原则。人类是社会性动物，尽管我们有时希望能躲在自己的巢穴中。这种倾向可以延伸到人类专属度非常高的心理治疗领域。德里克·汤普森(Derek Thompson)在《大西洋月刊》(*The Atlantic*)发表文章指出，"有些研究表明，在心理咨询期间，当人们相信自己是在对着一台计算机坦白苦恼时，他们的坦诚度是最高的，因为计算机不会进行道德判断。"汤普森并不认为这意味着心理咨询师很快就要落得工业革命时期的手工纺织工一般的下场，"但这表明计算机要蚕食此前被认为是'人类专属'的领域有多么地轻而易举。"在本书推崇的数字时代远景中，人类对于机器的倾向是被作为一种边缘化现象来加以刻画的，"边缘化"意味着我们并不想从根本上消除人类互动，重构自我生活，而只是想有时能从人际互动中抽身离开。我已经提到过，人类总体偏爱人类伴侣，但有时人类也更希望跟成人玩具共处片刻，而不是与另一个人缠绵。

人类之所以关注数字时代的劳动者是否拥有意识，原因还有一个。当我们向社会推广销售助理这一工作时，会将其描述得更加有趣。米哈伊·契克森米哈赖与朱迪思·勒菲弗提出的"工作悖论"揭示了我们所认为的休闲时光比工作时间更令人愉悦的观点从很大程度上来说是错的。在当下技术发达的社会，有些工作是枯燥乏味的,但有些工作却是意义深远的。如果我们主动选择生活在连意义深远的工作也实现了自动化的社会,那么我们便是主动摒弃了诸多愉悦体验。我认为,这是一种自相矛盾的说法。我们十分清楚进行某些目的性活动是能够从中获取愉悦感的,例如,夜晚散心或是报名参加陶艺课之类的活动等。沉醉于夜晚散心和陶器制作的人可不会夸口说自己在完成这些活动时效率很高。要是有人声称这类活动应当实现自动化,那他大概会惹来一阵嘲笑。即使你在这些活动中表现不佳,但你也从中获得了愉悦感,这恰好证明了这些活动值得你去做。双手沾满陶泥也是一件乐事。你应当留心生活中的各种积极正面的体验,例如,你的人类护士替你测量了血压,或是咖啡师为你调制出了一杯特殊的拉花上带有你名字的咖啡等。

我们可以想象,在遥远的未来,当机器人心理咨询师告诉患者它们明白失去至亲是何种感受时,它们有可能所言不虚。我断言人类对于人际交往体验具有选择倾向,可我从未说过机器

人心理咨询师不可能拥有感知能力。但是，对于人类而言，将数字技术运用在这个方向上会显得十分古怪，并将威胁到人类自身。自动化的需求到底该在哪些范围内实现，我们一清二楚。相对于人类飞行员而言，全自动驾驶系统能将我更安全地从新西兰的惠灵顿送往美国的旧金山，这才是数字技术的价值所在。但是，适用于飞行员的道理并不见得适用于基于人类社交天性的各类角色。为什么我们要让那些人类擅长且认为意义重大并乐在其中的工作实现自动化呢？一刀切地决定让这些工作实现自动化，就如同努力让夜晚散心实现自动化一样荒诞。

何谓“社会型工作”？

咖啡师和教师属于社会型工作，这不难理解。但是，我们如果了解到社会型工作的核心特征是构建具有相似思维能力的生命体之间的联系，那么许多其他的工作从本质上而言都属于社会型工作。

当你阅读《哈利·波特》时，你阅读的是 J. K. 罗琳(J. K. Rowling)所书写的文字。写作是一种社会型活动，这种活动能让罗琳与数百万读者产生联系。当人们幻想着霍格沃茨魔法学校的种种场景时，他们其实是试图深入了解罗琳的内心世界。在塑造伏地魔这一反派角色时，罗琳有着自己独特的思路与感受。当整个哈利·波特宇宙横空出世时，我们震撼于这一切竟然是由人类超级强大的想象力所构建的。但我们如果宣布《哈利·波特》是由专门从事故事创作的智能机器人书写的，那情况可就不妙了。《哈利·波特》的数百万书迷将黯然神伤，因为他们发现在这些书页的另一端竟然没有专属于人类的意识存在。

罗琳与读者之间的关系是非对称的——她在许多方面影响着她的读者，而这些读者却几乎无法影响到她。罗琳写书，读者读书。在某些人际关系中，趋向对称是至关重要的。一般来说，我们希望恋爱关系是对称的，但在对自身幸福影响力较弱的情感关系中，我们则能够包容相当程度的不对称。

人类不可能被人类设定的用于书写奇幻小说的机器所愚弄，这并不是问题的关键所在，其关键之处在于我们该如何应对此类伎俩。在第二章中，我提出人类对于思维能力是否存在的判断要比“超敏生物探测器”所做出的草率论断更加深入。今天的许多机器仅拥有“心灵俱乐部”人类分会的临时会员资格。人类对于思维能力的评估依据的并不仅是勒布纳奖的评委从时长5至25分钟的对话中获取的信息。人类对于思维能力的评估始终在持续进行。当你意识到，一个聊天机器人使用了性感撩人式的谈话策略来干扰你的判断，让你误以为它也是“心灵俱乐部”人类分会中的一员时，你就会郑重考虑并推翻最初的结论。

安德鲁·麦卡菲与埃里克·布林约尔松在2017年出版的《机器、平台与人群》(*Machine, Platform, Crowd*)一书中描述了一位化学教授，他同时也是一名超级狂热的音乐爱好者。在聆听了由从事音乐创作的人工智能机器人埃米莉·豪厄尔(Emily Howell)所谱的曲子后，教授不禁连声称赞并表示这是

“他音乐生涯中最感动的瞬间之一”。后来，在打造埃米莉·豪厄尔的程序员进行的一次演讲中，这位教授再次听到了这首曲子的录音，他转而又说道：“你知道，这音乐不错，但我可以当场确定地判断，这是计算机编的，曲子既没有情感和灵魂，也缺乏深度。”

这个反应其实并不像麦卡菲与布林约尔松所描述的那样荒诞无稽。这位音乐爱好者口口声声表示“可以当场确定地判断，这是计算机编的”，这显然是唬人的。但他认为这首曲子“既没有情感和灵魂，也缺乏深度”，这却有可能是真的，只要我们了解这三个要素是基于相信曲子透露出的精神世界。正如当我们对勒布纳奖得主的了解更进一步时，我们便可以撤销它们的“心灵俱乐部”人类分会的临时会员资格一样，我们同样可以重新评价埃米莉·豪厄尔所谱写的曲子。我们被这些曲子感动是因为我们受到了蒙蔽。柴可夫斯基谱写的《1812 序曲》（*1812 Overture*）以齐发的火炮声庆贺俄国人民击退了拿破仑大军的入侵，而如果埃米莉·豪厄尔将任何整齐划一的炮声写进它的曲子中去，这首曲子就与任何击溃入侵者的英雄主义信仰毫无瓜葛。因而，当我们了解到乐曲的谱写过程后，我们将埃米莉·豪厄尔的曲子称为“不错的音乐”，同时收回“情感、灵魂或深度”之类的一时之言是再合适不过的了。

我的“人类偏见论”能够自圆其说吗？

我说过，当你面临两个选择——是人类恋人，还是由数字计算机驱动的行为举止与人类恋人别无二致的机器人时，如果你在意准伴侣的精神世界的话，你应该会倾向于选人类恋人。基于这种对人类伴侣的偏爱，我推测大家也会更喜欢人类咖啡师与人类教师。即便有最好的论据可以证明未来性爱机器人的程序将会登峰造极并使机器人可以拥有人类一般的心理状态与情感状态，这恐怕也无法打消人们的疑虑：它们的逼真动作背后是否并不存在人类的情感？

话不多说，我要为“人类偏见论”正名。无论是在卧房之中还是在工作领域，我们都更愿意与同类互动。“偏见”一词似乎有些不妙。我们偏爱与人类共事，这样的未来似乎与《星际迷航》中所描绘的场景迥然不同。“进取号”飞船上的船员各色混杂，有人类、半人类（混种人），还有外星生物以及人工智能生命体。20 世纪 60 年代拍摄的《星际迷航》系列的第一部向饱受种族冲突困扰的世界释放出了积极的信号。在《星际迷航》塑造的和谐世界中，生物之间的客观差异远远超出 20 世纪 60 年代困扰美国社会的种族差异。到了 20 世纪 90 年代，《星际迷航：下一代》（*Star Trek*：*The Next Generation*）中出现了一个受计算机控制的机器人——达塔。这部电影的核心主题似乎就是要证明摒弃达塔的合理性。当皮卡德舰长说“对不起，达塔先生，我没有办法忍受我的飞船上有人工智能生命体”时，可不太令人愉快。

接下来，我将从哲学角度为“人类偏见论”正名。首先，我们应当厘清这种偏见的焦点。历史上有关偏见的案例包括认为某些人种在道德水准上低于其他人种。据称，奴隶制存在的合理性可以归因为奴隶的道德水准低于奴隶主。奴隶主与奴隶之间的道德关系被错误地类比为农民与牲畜之间的关系。奴隶与牲畜都是财产。但本书中的“人类偏见论”绝不会走这种类比的路子。

我在前文中已经提到过，我们可以合理地怀疑像达塔一样的生命体是否拥有与人类一样的精神世界。如果我们理性地怀疑达塔可能并没有精神世界，那么我们就不会和它约会。但是，这并不能证明我们可以将它当作道德水准较低的生命体来对待。达塔很可能不仅仅是一台机器，它或许是“心灵俱乐部”的一员。从理性上接受达塔可能与人类一样拥有精神世界就意味着我们不能像对待一台老旧的智能手机一样对待它。达塔不是财物，当我们认定它不再有使用价值时，不能简单地以最环保的方式进行回收再利用。

我要说的第二点针对的是“偏见”表达的背景。我们如何评估各类偏见，这很大程度上取决于偏见表达的背景。从道德维度上来说，存在实际受害者的偏见表达与单纯存在反事实（虚拟）受害者的偏见表达是截然不同的。我们将前者简称为“实际偏见”（actual bias），将后者简称为“单纯反事实偏见”（merely counterfactual bias）。

“实际偏见”中存在着饱受摧残的受害者。所有的社会都应当致力于消除这类与种族、性别、性取向等相关的偏见。但是，如果涉及“单纯反事实偏见”，我们就要切换思路了。这种偏见并无受害者。当达塔一类的生命体并不存在且我们也没有能力制造它们时,出台法律禁止达塔之类的人工智能生命体应聘咖啡师或禁止它们结婚都不会产生实际的受害者。就算当我们有能力研发出此类生命体但却选择不研发时,也不会有实际的受害者存在。

一些种族主义者试图粉饰他们的观点。他们抱怨,自己并不是想要敌视 A 族群的成员,只是更青睐 B 族群的成员而已。我们也允许父母偏爱他们自己的孩子,并且事实上这种现象的存在也在我们的预料之中。根据种族主义者的说法,我们以自己的亲属为先是合情合理的,所以我们也可以让自己族群中的成员优先受益。但我们应当抛开这些将种族主义合理化的论调,因为这会对遭受冷遇的一方造成真正的伤害。当主流族群的成员坚持聘请“自己人”时,他们或许对被忽视的族群成员并没有明显的负面想法,但这种倾向却造成了伤害。即便并非被主动厌弃,那些来自弱势群体的成员也已遭受到了不公正的对待。

现在,让我们试想一下“单纯反事实偏见”的相应论调。如果失宠族群的成员是虚拟的,它们便不会受到任何伤害。我们可以大胆表达对人类的偏爱,完全不用担心达塔或其他的人形机器人会饱受煎熬。

我们对于偏见表达的道德评估取决于这些表达所处的大背景。在畅想未来时,或许我们会选择去打造达塔那样的生命体。这一抉择将使得拒绝达塔加入星际舰队的“单纯反事实偏见”转变为禁止它成为咖啡师之类的“实际偏见”。在这样的未来世界中，人们对本书的看法将颇为类似于现在的智者对阿道夫·希特勒(Adolf Hitler)所撰写的《我的奋斗》(*Mein Kampf*)的看法。我的观点是，我们应该将存在实际受害者的“实际偏见”与仅存在虚拟受害者的“单纯反事实偏见”分开来看。如果我们不去制造具有感知能力的人工智能生命体，它们便不会期待自己成为咖啡师，也不会因为自己无法被接纳而身心受创，在这种情况下，我们偏爱人类咖啡师也并无不妥。

下面我要进行一场哲学思维实验以证明“单纯反事实偏见”的可接受性。“单纯反事实偏见”是人类流行文化中的核心特征之一。人类惧怕未知，因而电影制片人会将未知之物描绘得邪恶丑陋、令人厌恶。或许，极度理性的生物会摒弃一切形式的偏见，不论是“实际偏见”还是“单纯反事实偏见”，但人类不是这样的生物。

假设有爱好和平的外星生物造访了地球，它们对我们伸出了友谊的橄榄枝，期望能够与我们共同生活，并且不会密谋让人类灭绝。巧合的是，这些外星来客的外貌极其像雷德利·斯科特(Ridley Scott)所执导的影片《异形》(*Alien*)中的外星人，但它们的行事作风却与影片中的异形有着天壤之别。影片中的外星人用可伸缩的下巴来吃各式各样的美味蔬菜，而它们的祖先却用同样的下巴撕碎具有感知能力的猎物。虽然习惯不同，但这些外星人对祖先的行径却了解得一清二楚，就如同现在的人类熟知自己的祖先茹毛饮血的生活方式一样。但是，影片中的外星人尊重有感知能力的生物，并小心翼翼地避免让这些生物受伤而血溅当场。

我已经描述过在何种情况下我们应该为人类拍摄、制作《异形》系列电影并津津乐道而感到懊悔并致歉，那就是，电影中刻画并推崇的恐惧与厌恶最终产生了受害者。那么，到那时，我们会如何看待《异形》系列电影就应当类似于我们当下如何看待各种影片中的恶棍角色拥有如漫画人物一般夸张的五官，而如果我们坚持继续观赏《异形》系列电影，我们就需要通过电脑重新加工电影中反派的外形。但是，这种在反事实场景中成立的道理并不意味着我们现在就要停止观看斯科特的《异形》系列电影。我们可以继续害怕并厌恶外星人直至爱好和平的天外来客降临地球。影片中激发并夸大的偏见所产生的受害者是“单纯反事实”的。

《异形》系列电影中还存在其他“单纯反事实偏见”的受害者。《异形》中出镜的阿什，以及在《普罗米修斯》(*Prometheus*)与《异形:契约》(*Alien Covenant*)中登场的戴维(David)都是邪恶的人形机器人。他们赢得了人类的信任但却背叛了人类。当我们真的制造出了有感知能力的人工智能机器人后，我们就需要反思这些影片中传达出的对此类机器人的敌意。但就目前而言，并没有任何人由于对人工智能机器人的敌视而受到伤害。

因此，选择将恐惧与恨意指向单纯的反事实目标，这可能对我们大有帮助。1985 年日内瓦峰会召开时，美国和苏联正处于冷战敌对期。时任苏联总统戈尔巴乔夫公开讲述了一段他与时任美国总统里根之间的谈话。里根曾经问戈尔巴乔夫："如果美国突然遭到外星生物偷袭，你会怎么做？你会向美国施以援手吗？"戈尔巴乔夫让里根放心，并表示苏联一定会援助美国。里根也表示如果易位而处，美国也不会袖手旁观。他们将军事化对抗的矛头指向仅在理论上存在的外星入侵者而非实际存在的美苏平民。那些进入轨道并指向外部目标的核武器并没有瞄准莫斯科或华盛顿特区。同样，将矛头指向单纯反事实生物的偏见也不会让任何人受到伤害。

如果未来有感知能力的机器人看到这些章节时，认为我蔑视了它们的正当权益的话，我对此致以深深的歉意。但在我撰写本书之时，这些机器人和它们的权益都还不存在。我欠它们一句"对不起"，就如同雷德利·斯科特欠未来的外星来客一份歉意一般，因为这些外星人的外形恰巧与他电影中鼓动人类去仇视与恐惧的异形人的外形相似。

人类未来是否要生活在拥有达塔一类的生命体的世界，其决定权完全在我们手中。在第二章中我就说过，目前人工智能领域的主流趋势并不是打造达塔一类的生命体，而是聚焦于如何借助机器学习的潜力来解决严峻的问题并创造财富的实用动机。我们无须打造达塔这类人工智能机器人，就可以从人工智能领域获益良多。人类止步于达塔一类的生命体的研发，这并不意味着要叫停人工智能领域的研究，而是在表达对于能够将人类收益最大化的各色人工智能的研究的偏好，并且这种偏好合情合理。当我们展望未来时，我们应该期望从实用动机而非哲学焦点中获取更加丰厚的收益。我们持续关注哲学焦点只是为了确保对于有感知能力的人工智能机器人的偏见能永远停留在“单纯反事实偏见”的层面上，而永远不要转化为“实际偏见”。

结语

在本章中，我们探讨了人性的价值，我将这种价值定位为社会经济的核心。我们对于人类咖啡师、护士、演员与教师的偏爱，本质上与我们对人类伴侣的偏爱如出一辙。我们在意与其他拥有人类专属精神世界的生命体之间的互动联系。在未来，人类或许可以创造出拥有感知能力的机器人，而它们也将渴望得到其他有情感的生命体的爱怜，那么，我们是否要打造这样的机器人呢？我们应当三思而后行。但是，我们现在还没有到达这个阶段。我们还可以选择以人类为中心的未来。在这样的未来，机器学习者无须依靠感知能力就可以为我们解决最常见的问题。在下一章，我将着力勾画以人类情感与体验为核心的社会经济的轮廓。

第六章

数字时代社会经济的特征

数字时代的社会应该以两种形态截然不同的经济为核心，这两种经济都是以各自所彰显的价值观来界定的。数字经济的核心价值观是效率为先，以能够创造出价值更可观的成果为先。在效率的范畴内，数字技术的发展将会终结人类在效率领域占主导地位的时代。我们已然不再是世界顶级国际象棋手。很快，我们也将不再是世界上最好的会计师或卡车驾驶员。数字革命将引导人类劳动者退出许多职业领域，但这并不意味着人类工作会就此消失。卡车驾驶员可以利用裁员补贴进行自我充电，成长为社会型工作者。社会经济的主导价值观是人性为先。在社会经济中，我们也在意效率，但为了增加人类参与度与人际互动，我们常常也会接受效率受一定影响的交易形式。在与为你调制咖啡的咖啡师的简短互动中，你获得了愉悦感，尽管这种愉悦感转瞬即逝，但却令人珍视。即便偶尔咖啡师往你的咖啡中添加了牛奶而不是你要的豆奶,问题也不大。

在本章中,我将着重探讨数字经济的产品与社会经济的产品之间的差异。数字时代最具考验的一大挑战就在于如何区分应当由机器完成的工作与应当留给人类完成的工作。社会经济与数字经济之间的界限并不是一成不变的。任务上不会明确地贴着标签,标明是“数字经济”还是“社会经济”。我们必须集体反思一项工作的重点是什么。断定一项工作属于社会经济活动的依据是我们重视与他人互动的价值,为一项工作贴上数字经济的标签则建立在明确放弃人际互动也无关紧要的前提之下。照目前情况来看,人类或许还是实现这些工作的最终目标的最高效执行者,但我们如果自我反省一番,就会发现即便将人类意识从这些工作中抹去,其实也无伤大雅。我们希望有人能完成脑力工作,却不在意它是否是由具有思维能力的生命体完成的。

如果我们认定某项工作归属于数字经济,那么我们就应当致力于降低人类的参与度以提高效率,并用更高效的数字技术替代剩余的人工环节。而社会经济的典型价值观是人性为先。不论是在私人生活领域还是工作领域,我们都在意人际互动。诚然,在社会经济中,效率也很重要,但我们常常愿意牺牲一定的效率以换取意义更为深远的人际互动。当效率下滑问题突显时,我们会对人类劳动者辅以技术支持以修正失误,但却认为保留人类的贡献至关重要。当我们聆听马友友独奏会时,我们会认定他的贡献远胜于他使用的演奏乐器大提琴,尽管这把大提琴同样功不可没。我们应当将同样的评估方式推广到其他由数字技术辅助的社会型工作中。我们通常会从社交角度出发,希望通过提升人类的贡献来改良此类工作,并使这类工作变得更加意义非凡。有些工作有两种改进方案:通过数字技术的辅助实现效率的提升,或是增加人类的贡献以实现社会型改良。因而,在数字时代初期,一份工作将会衍生出两种版本:实现效率超高的数字经济模式与实现全然以人为本的社会经济模式。

数字时代的两大经济模式

社会-数字经济是由两种核心价值观截然不同的经济活动构成的。数字经济的核心价值观是效率为先,而社会经济的核心价值观是人性为先。因而,数字经济与社会经济的产品属性也截然不同。要判断一个工种属于数字还是社会领域,我们必须明确地知道我们看重的是什么。有些工作不涉及或极少涉及人际互动,那么,它们便恰如其分地归属于数字经济。我们希望通过最高效的生产方式来完成此类工作。在此,人类的社交天赋毫无用武之地。因而,从事此类工作的劳动者也企盼由效率更出众的机器来取代他们。

当我们考量社会型工作时,人际互动便成了关键所在。强大的数字技术将令数字时代的社会型工作者如虎添翼。但当我们为这类社会型工作的完成而论功行赏时,我们会认为这些必不可少的技术辅助的重要性只能屈居其次。这么做并无不妥。当今的诗人如果想要在夜间继续挥毫创作就需要照明设备的辅助，但他们绝不会承认电能是他们谋生之路上不可或缺的要素。从本质上而言，当今的诗歌创作方法与古罗马时期的诗人奥维德（Ovid）所用的方法别无二致。

不断追求效率最大化对社会经济来说可能是一种干扰。它往往会消除我们从社会型工作中获取的愉悦感。许多教师与护士在20多岁就开始了自己的职业生涯，他们心中充满了喜悦与激动，希望能够为孩子与患者贡献自己的绵薄之力。然而，如果无端地为他们增加所教授的学生或照料的患者的数量，这只会令他们以及其他社会型工作者心力交瘁。等到了40多岁，当教师或护士发觉自己精疲力竭时，他或许便会转投房地产行业等其他行业以寻求新的职业发展。

我们应当警惕这种通过采取高度适用于数字经济，但却与社会经济格格不入的方式实现的“假性节能”。我们仅凭所服务的顾客数量以及所分发的药品数量来权衡社会经济产品，这是不够的。以效率原则来指导社会经济与以社会经济准则来指导数字机器一样，将产生很多潜在问题。如果你迷路了，想要从汽车的全球定位系统中寻求些许安慰，那你就是缘木求鱼了。当你的智能手环发出指令，让你站起来走250步，而你毫不理会，反而又蜷缩到沙发里时，在“超敏生物探测器”的影响下，你会认为你的智能手环一定会感到沮丧又失望，但这根本不可能。社会经济的参与者喜欢与能真正体验到这些情绪的生命体互动。

社会-数字经济的提法景况堪忧，因为它有悖于数字时代工作领域的一种既定趋势。许多直接与人打交道的工作者面临着数字技术的驱逐。服务行业从业者发现自身的工作已经实现了自动化，机器可以下单、上菜，但这种趋势是可以逆转的。在本章中，我的首要任务就是描述社会经济产品的一些特征并将其与数字经济产品对照。数字革命对通过人力完成的工作所产生的影响并不明显。强化数字经济将会使以机器取代人力完成工作的做法蔚然成风，强化社会经济则将拓展人类在数字时代的经济模式中的作用。

在此，我要阐明我的观点。我将“人性”视为除“效率”之外人类最应当珍视的东西。我当然也不是在说“人性”比“效率”更加重要。如果你生病了，那么你最想从医学专家那里获得的就是行之有效的疗法。如果给你两种选择：自动生成与你所罹患癌症相关的疗法的机器，或对你的情绪感同身受而采用某些顺势疗法并关怀备至地为你开具处方的人类医生，那么你当然应该选择前者。但是这种比喻将选择过度简化了。在此，“效率”固然更为重要，但这并不能证明“人性”便一文不值。

尽管有上述观点，我们还是可以假设，我们仍然决定相信数字时代的医疗领域有部分角色属于社会经济的范畴。当我们意识到人类医疗工作者的低效，比如存在误诊与处方差错等情况时，我们不会在一声叹息后便忍气吞声地认为这是我们执意跟与我们一样拥有精神世界的医生打交道所要付出的代价，也不会一股脑地将所有事务都转交给机器去打理。从一定程度上来说，我们重视医疗工作者身上的“人性”闪光点，我们会想方设法地保留人类的贡献，同时试图借助技术来弥补人类的低效。

或许,数字时代的医疗领域中的人力元素意味着,无论锁定并矫正人类医生的失误的数字技术多么强大,人类医生的误诊率总会超过单纯通过数字机器诊疗的失误率。那么,我们是否能坦然地承受这份微乎其微的额外风险,这就取决于我们究竟有多看重人类的贡献。人类偏爱与同自身相仿的拥有思维能力的生命体打交道。我们看重思维能力并愿意为此付出代价。我们可以将社会经济的产品与“公平贸易运动”中推荐的商品进行类比。“公平贸易运动提倡为发展中国家的农民与工人改善工作环境,并修订贸易条款。”公平贸易运动席卷全球的声势表明,从某种程度上而言,我们乐于用实际行动支持自己所拥护的道义。但是,花钱购买贴着公平贸易标签的巧克力的消费者想要拿到的是实实在在的巧克力。他们在付款时并不满足于只听到表示感激的只言片语,他们还要真真切切地拿到巧克力。他们可以接受略微多支付一些金钱以让采摘可可豆的穷人得到的收益有所增加,因为这些穷人在国际贸易中的劣势地位决定了他们商品的定价不会太理想。这并不是简单的慈善行为。我认为,我们愿意为保留人类的贡献有所付出。如果我们面前摆着两种选择:依靠人力生产产品,以及另一种变通的做法——利用机器生产以使产品成本更低廉,我们会选择为前者掏腰包。因此,我们会通过打造各类技术来弥补人类教师与医生认知上的失误和疏忽。

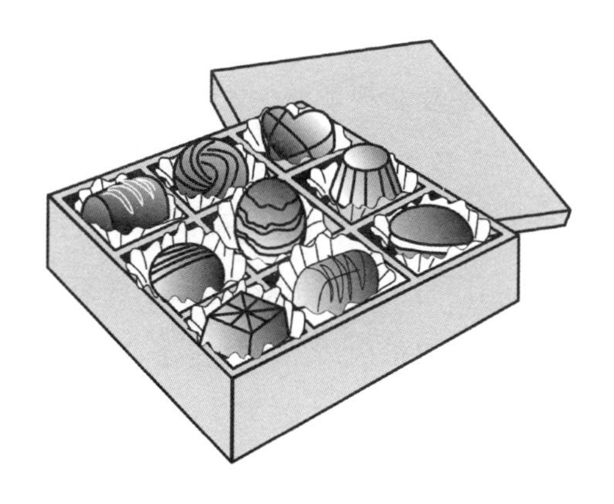

社会经济产品与数字经济产品的显著差异

成本

杰里米·里夫金极为强调数字经济的零边际成本。打造第一份文字处理软件包的确耗资巨大,但是这个产品一旦问世,它就可以以零成本(或接近于零的成本)被复制和传播。微软办公软件的第100万份复制版本与原版一样性能卓越。数字经济中企业的心血结晶是可以实现规模化的。规模化趋势是经营数字平台业务的企业的显著特质。此类创业企业斥巨资设计网页、研发应用软件以求得微薄的财务收益。假设一家专营拼车业务的企业招募了充足的驾驶员与乘客来占领惠灵顿市场,那么,无须额外增加太多成本,它就可以扩张并打入利润更加丰厚的奥克兰市场。但是,社会经济的产品无法实现类似的规模化效应,它们的边际成本很高。无论是制造社会经济产品的一方还是接收该类产品的一方,想要实现规模化效应都困难重重。

数字经济产品低廉的边际成本确保了丰厚的利润,这一点从本书第三章安东尼奥·加西亚·马丁内斯的提法中可见一斑。他认为,脸书的广告策略的指导方针为"任意物品10亿倍"原则。恰恰相反,社会经济的产品往往是不能够被成倍复制的。例如,有人录下一句话,"我们诚挚关注您的来电",他在录音时或许能够真心感受到自己言辞恳切。但由于录音是数字产品,它可以被成倍地复制,而其中的情感量级却并不会随着听到这一录音的人增加而成倍增长,相反,这一情感量级将归零或趋近于零。所以,当你听到这则录音时,你可能感受不到有人对你身处的窘境做出了回应,纵然我们清楚即便是有人回应,那种关切也是冷冰冰的和转瞬即逝的。

当我们跟由人工经营的公司打交道时,我们希望能与这家公司里的人展开实实在在的交流。这一点似乎从某种意义上能够解释为什么那么多人在听到自动语音信息的开场白后会不断地按"0"(转人工服务)。那是因为你心里清楚,这家企业是人工经营的,你觉得从某个方面来说这些人应该为你现在遇到的问题负责任。你希望能对着真人诉苦。当你无奈地发现自己正被迫与机器沟通时,一种被忽略或轻视的感觉便会油然而生。因为你知道,当你向真人倾诉时,你可能还能激发他们的一丝歉疚,让他们为你在所购买的产品或享受的服务中存在的缺憾而感到懊悔、自责。但是,我们不能将这种对人际沟通的迫切渴望解读为对技术的恐惧，它只是映射出了人类最本原的需要——与拥有情感的真人接触的渴望。我们觉得向真人诉苦更加舒适自在，有时，在从电话另一端的陌生人口中听到一句“我理解您的感受”之后，即便他没有立刻跟进解决问题的方案，我们也深感欣慰。如果电话中的话语情真意切，你便会相信自己的不幸遭遇激起了对方的一丝怜悯与同情，哪怕这种同情稍纵即逝。

希望就产品故障向顾客致以真诚歉意的公司必须配备充足的人力以满足大量心生愤懑的消费者的情感需求。表达歉疚的边际成本是极为高昂的。无论是在网页上写个“对不起”，还是在推特上推送140字的道歉长文，效果都不太理想，都无法有效地传达出公司内部人员意识到了他们的错误并向顾客致歉的信息。传达悔意的有效方案需要由生产瑕疵产品的公司的员工来提出。诚然，负责为替瑕疵产品致歉的员工发工资的首席执行官并不需要实实在在地感到愧疚难当，但他的确用高薪聘请了人类员工来为瑕疵产品致歉，在理想情况下，这样的致歉行为在歉意接收方眼中是真实可感的。美国军方也深谙此道。如若士兵阵亡，他们在将阵亡通知转达给士兵家属时所采取的做法是重“人性”而轻“效率”的。即便是可能延迟信息传递的时效，他们也选择派遣专人上门传达消息。绝对不会有人认为可以将所有士兵家属的信息录入应用程序，待到确认士兵阵亡的那一刻，家属就可以第一时间得到通知。

生产社会经济产品需要时间，不能操之过急。许多公司想要通过线上文字沟通的模式解决投诉问题。聊天开始后，你难免心生好奇:打字回复你的究竟是不是个真人?自动回复的确可以实现信息传递的目的,但却淡化了谈话中的人性。如果你与亚马逊公司的客服端打过文字交道,你就会注意到你们的互动中包含许多“很高兴为您服务!”“感谢您联系亚马逊”这样的文本。人类用于表达情绪的客套话成了人机对话中一成不变的内容,因为这是最易于编程的快捷回复。当你打出“谢谢”时,只要你轻轻敲击发送键,电脑就可以发送自动回复“不客气!”当客套说辞的回复速度快到超出打字所需的时间时,你便心里有数了:这是计算机预设好的快捷回复。亚马逊公司显然是用机器来表达感谢的。信息接收者在打出这些文字时所应表达的各种情绪,机器一概没有表达。这并不是说,你极为看重与亚马逊公司负责投诉业务的员工之间的人际关系。发现亚马逊公司的客服端全是机器,与发觉恋人的大脑里填满了硅片和电路板的情况倒是不太一样,但是,你的心里还是会觉得不太舒服。

我们可以看到过于强调社会经济产品生产者的效率所带来的部分负面效应。需要一定情感投入的工作可能让人精疲力竭。夜以继日地工作的护士会身心俱疲。假设你遇到一位50岁出头的男护士,当他因心力交瘁而打算改行当一名优步(Uber)驾驶员时,如果你问他“在当初入行的时候,你脑海中想象的护理事业是这样的吗?”他的答案很可能是“不!”在“护理”这种社会型工作中追求数字经济中才行得通的效率本身就大错特错。对于护理领域而言,数字技术至关重要,但有些任务却是数字技术完成不了的,而从某种意义上来说,这些任务才是人们所认定的护理工作的精髓所在。

在目前超负荷运转的工作条件下，劳动者几乎没有机会参与人际互动，而这本该是他们所从事工作的重要特质。现在，许多公司认为这种人际互动是多余的，那是因为他们对于直接人际接触带来的收益的理解过于浅薄狭隘了。长时间的社会交往的确会让人心力交瘁。可悲的是，许多人一开始会为教师或护士之类的职业倾心，他们认为自己能够培养或帮助有需要的人，慢慢地，他们在实际工作中却发现肩上的担子过于沉重，当他们步入不惑之年时已经是疲惫不堪了。即便他们选择继续坚守岗位，也只是希望能够通过论资排辈的方式一级级地向上爬，好少做些教学或护理工作，而这些工作正是他们20多岁时满心向往的。我们应当承认教师与护士等社会型工作的真正价值所在。从情感角度而言，投入并维持社会经济产品生产的人际关系是劳心劳力的。丝毫不重视社会经济产品的经济体系也将迫使这类产品的提供者超负荷工作，并逐渐透支自己。

摆脱量化思维

我们在衡量社会效益时会偏向于那些易于量化的收益。我们会计算数字经济产品复制品的数量，但社会经济产品的收益却很难量化。这是因为社会经济产品的诸多效应都发生在人的脑海中。员工就瑕疵产品向顾客致歉，是否能够顺利得到顾客的谅解取决于道歉的具体形式。很难界定何谓成功的致歉方式，何谓失败的致歉方式。他们所追求的结果不外乎是震怒的顾客能够感受到自己的诉求得到了理解与回应，而这一切都发生在当事人的脑海中。你轻而易举地就能算清送给女朋友的玫瑰花一共有几朵，但这些玫瑰花所产生的情感效应却不那么容易量化。有时，在表情达意上，一朵玫瑰花更胜十朵。而你真正看重的正是这种情感上的讯息。但这些情感效应是剪不断理还乱的，这也就意味着它们并不适用于企业资产负债表。因此，我们要抑制住内心的偏见，不向易于衡量与量化的成果倾斜，而看轻难于衡量或量化的成果。偏向衡量标准清楚明了的易量化产品本质上反映的是重数字技术而轻人性的倾向，而这是毫无道理可言的。

忠诚度

忠诚是人际关系中的可贵品质，而试图向我们推销商品的企业对此也极为看重。他们会花钱去激发对人际关系的建立具有举足轻重的作用的情感。想一想企业为提升顾客忠诚度而制定的营销方案吧。企业鼓励顾客忠于其品牌与产品。如果你忠于自己的配偶，那么就会拒绝客观条件更优越的潜在伴侣的示好。你会通过援引结婚誓词来表达忠诚。企业之所以能从忠诚度上窥探到商机，是因为企业认为顾客的忠诚意味着他们愿意花更多钱购买客观条件更逊色的产品。企业为提升顾客忠诚度所花的心思体现在了线上销售的定价算法上。在企业眼中，忠诚度是可以被换算成价格的。忠实顾客的购买记录有据可查，那么可以推测他会愿意花多少钱来购买产品。初来乍到的新访客没有购买记录，那就必须以更低的价格诱惑他。

这种对于忠诚的压榨盘剥与人际范畴的合宜的忠诚表达大相径庭。这种情况颇像你的配偶此前原谅过出轨的你，而你却视之为一种纵容。如果你忠于配偶，那么同样，你也期望配偶能够回报以忠诚。他应当拒绝客观条件更优越的潜在伴侣所抛出的“橄榄枝”。但这种相互性却不包含在企业忠诚度营销方案中。在这份方案中生效的并不是“忠诚必有回报”，而是“忠诚须受罚”。当忠诚的顾客选择一些赌场中赢面不大的赌博机而舍弃其他赌场的赢面更大的赌博机时，被选择的赌场便会赢利。但是你可千万别指望凯撒娱乐公司(Caesars Entertainment Corporation)此后将以奖励问题赌徒的金钱数额来衡量自己的忠诚度营销方案是否成功。

1970年，米尔顿·弗里德曼(Milton Friedman)曾说过一句著名的话，“企业的社会责任在于提升利润”。弗里德曼摒弃了所谓企业有责任推进社会目标的观点，尽管这些社会目标看似正当合理。企业在推动实现社会目标时，企业掌舵者就会装出一副人民公仆的模样。弗里德曼坦言，企业通过鼓励我们忽略它们的真实目的的方式来获取利益。他认为，企业会用社会责任的幌子来“掩盖”其真实行为并获得利益。鼓吹某些产品安全环保是有利可图的，谷歌之前将座右铭定为“不作恶”(Don't be evil)是有利可图的，赌场佯装忠于赌徒也同样有利可图。

我们如果认为自己能够改变资本主义经济中企业的基本行为模式，那就未免太过于天真了。但是，当企业雇人来代表它们时，我们的态度却可能有所不同。相较于算法而言，真人员工才是更为得当的忠诚接收者。成功向你推销了多种产品的销售员或许会靠着你的忠诚获得可观的金钱收益。如果这是位极其出色的销售人员，他就会用人性关怀来(或用弗里德曼的话来说)“掩盖”自己的真实目的：让你继续买下去。但是，他至少能够做到礼尚往来，对于顾客的忠诚有所回应。当企业遣散了人类前台并企图引导我们选择更高效的线上购物或线上投诉方式时，它们便连“人性”的遮羞布都省去了。到那时，我们连向能够感受到忠诚为何物的人类员工倾吐的机会都没有了。

人类员工的存在是为了让顾客安心。人类员工很难像算法那样利用忠诚。他们与顾客一样，对于忠诚为何物有着基本的了解。想象一下，如果有人说：“我希望你以低价吸引大众并使其成为我们的顾客。一旦第一单成交后，你就要与顾客联络感情并在言语之间表达忠诚、许下承诺。待到你有把握断定这套说辞行之有效时便借机抬高价格。只有当你感觉到这套关于忠诚的漂亮话渐渐失去功效时你才能降低价格。”能够将这一套路运用得非常熟练的人类推销员患有精神障碍的概率估计不小。但如果机器采用了这种策略，就能保证企业日进斗金。将这些策略编写成电脑程序的人与顾客保持了相当的距离，从而避免了看到这些顾客因自己的忠诚而接受以市场为导向的惩罚。

部分人类员工当然也可能谎话连篇，欺骗顾客。安然公司（Enron Corporation）的骗局就是活生生的例子。但人类员工也有天然优势。如果公司行为不端，人类员工就可能成为“吹哨人”。电脑算法是不会自我吹哨的。它们从问世之初起就始终秉承米尔顿·弗里德曼所谓的企业伦理信条。在数字技术大行其道的年代，如果你对于企业的犯罪行为感到忧心忡忡，那么你便会盛赞每一位人类员工的存在。他们或许深受弗里德曼式教化的影响，但你的道义诉求总有机会能够直击他们的内心。

一致性

一致性是数字经济产品的显著特征。第 100 万份软件程序复刻品应当与第一份如出一辙。一致性也是社会经济产品的重要特征，但往往我们欣赏的却是产品中的不同之处。

用动力织布机取代手工织布机时常被简单地认为是优胜劣汰的典范——更高效的纺织工艺替代了低端工艺。但这样的想法未免将情况过于简化了。动力织布机与手工织布机所生产出的纺织品之间差异较多，我们并没有统一的衡量这些差异的方式。动力织布机的优势在于可以生产出几乎分毫不差的纺织品,而手工织布机生产出的纺织品却有着细微的不同,这些不同也许是因为纺织工一时疏忽,又或是他有意为之,因为他想要从这一成不变的重复性劳动中寻找乐趣。从方兴未艾的工业化经济指向的诸多目的上看,分毫不差的纺织品显得难能可贵。但人们对于手工织品也饶有兴致,这表明我们可以换一种视角来看待这些不同之处。拉里纱·克里希南(Lalithaa Krishnan)在谈到印度政府关于振兴手工纺织业的倡议时说,由手工织布机生产出的布料的“细节的不同与不均匀的收边处理也是其魅力所在”。差异代表了一种人际联系。你或许会凝视一匹布,注意到其纹理间的错落,并陶醉于与织布者的心意相连。纺织工究竟是一时马虎还是有意为之以缓解单调苦闷呢?这些错落之处在很多方面并没有经济价值,但我们并不能因此否认这些错落之处与不均匀的收边处理有时是存在经济价值的。在社会经济中,我们欣赏某种程度的差异。如果你点了一杯白咖啡,你会希望被端上来的这杯白咖啡与你曾经喝过的白咖啡很相似,如果它被递到你手里的方式以及它的拉花图案有所变化,你就会放在心上。

数字经济产品的复刻品往往是一致的。当你发现自己安装的微软文字处理软件 Word 的版本总是会将脚注以斜体形式显示时,你可能会不太高兴,不管是因为这个版本的程序员一时马虎,还是因为他认为被标在脚注中的内容多半不会有人注意。对于具体的数字经济产品而言,每个版本都应当是分毫不差的。

但是,社会经济产品却往往只能达到一定程度上的一致性。当你去最喜欢的餐厅吃饭时,你会希望菜单上的菜品还是你记忆中的模样,但却不会追求完全一致的用餐体验。有时你会坐在窗户边,有时会坐在水族箱旁;有时你会遇到诙谐有趣的服务员,有时却不会;有时菜单上会有一道特色菜(那大概是厨师想试试手艺吧),有时却没有。

过分强调一致性通常是迈向岗位自动化的第一步。当某位老板贬低一项工作中的人类专属特质时,这便意味着他打算裁掉人类员工了。看轻工作中的人类专属特质其实是将人放在了机器的对立面上,让人类与人类可能无法战胜的机器一较高下。麦当劳快餐连锁店因能为全球食客提供统一的用餐体验而感到骄傲,它限制了其人类员工与顾客间多样的互动形式,可见麦当劳将有意以自助点餐机替代人工服务员。

时空跨度

数字经济产品的跨度范围与互联网一样广。如果你给家里的小狗拍摄了一张超级可爱的照片，只要轻轻按一两下键就能将这张照片发送给遍布全球各地的脸书朋友。照片中的小狗萌态十足，就算远在地球另一端的朋友也能欣赏到，且观看效果丝毫不逊色于坐在你隔壁办公室的同事看见的效果。在照片上传一年之后，如果你在脸书上的新朋友偶然翻到了这张照片，他仍然可以与当初在上传瞬间便看到照片的人一样仔细地欣赏它。但是，对于最重要的一些社会经济产品来说，其在时间与空间上的跨度范围都是有限的。利用网络电话软件 Skype 和视频通话软件 FaceTime 与亲人联络固然不错，但这种联系方式往往比不上双方共处一室时的互动效果。面对面的沟通中有许多宝贵特点是这些远程互动所不具备的。以技术为媒介的交流使得脸书上的朋友有别于真正的朋友。诚然，这两种朋友之间存在交集，但你在脸书上的许多朋友其实并不是你真正的朋友，而你脸书上的亦敌亦友的人可能只是你的敌人。你在脸书上的朋友愿意为你所上传的照片点赞与我们眼中"愿意为朋友做出牺牲"的友谊真谛之间有着天壤之别。

雪莉·特克尔(Sherry Turkle)指出，科技入侵人际互动领域将带来诸多恶性影响。她聚焦了数字技术对情感关系造成的威胁。社交网络技术宣称其将带来更高的连通性及更亲密的人际关系，但它们却让人与人之间更加疏离了。我们发现自己，用特克尔一本书的书名来说就是"群体性孤独"(*Alone Together*)。根据特克尔的观点，在脸书与推特大行其道的年代，我们发现了可以规避谈话的交流方式。即便是一直处于相互联系的状态，我们也在各自躲藏,互不打扰。数字技术成为面对面沟通的不完美替代品,它替代了那些“开放而自发的交谈,在这种对话中我们可以交流思想,全身心投入,也可以表现得脆弱无助”。

特克尔从多方面展示了以数字沟通模式替代面对面交流过程中的诸多不尽如人意之处。有人大言不惭地宣称数字沟通模式可以让我们以更为高效而紧凑的形式获得面对面交流中可获取的一切信息,但事实似乎并非如此。特克尔指出了数字技术对人类最珍视的互动关系造成的毁灭性影响。随时分散我们注意力的智能手机无处不在,这意味着我们往往无法全情投入谈话之中。无论我们当时在聊些什么,我们都可能在留心等待着下一条回复信息,时刻准备着暂时退出当下的面对面谈话。于是,我们渐渐习惯于“无时无刻的心不在焉”。我们在碰壁无数次之后才发觉数字形式的互动并不足以成为传统沟通方式的替代品,也无力回应浪漫的心声。特克尔提出,我们要重塑谈话的重要性,这是“人类为重新寻回人性价值的最根本所在而迈出的第一步”。

特克尔重点关注的是数字技术对人类最关键的情感关系所产生的影响。但我们应当看到,发生在工作领域的人际关系同样也面临着毁灭性的蚕食。许多通过多重工作关系产生的社会经济产品的最佳传递方式就是面对面交流。

销售员迷雾重重的数字未来

隶属于社会经济的工作与隶属于数字经济的工作之间的区

别似乎是很明显的。前者包括了人际互动，其中存在我们尤为珍视的人类个体思维之间的沟通与联系；而对于后者而言，构建人际情感关系并不是必不可少的部分，我们以更高效的数字技术取代人力后能够从中获益。

乍看之下，该如何抉择似乎一目了然，但数字时代经济模式中的任务不会自带“社会经济”或“数字经济”的标签，并且往往表现为人力与数字技术的贡献兼而有之。如果要想进一步改良经济模式，我们有两条路可走——通过引进新型或更高端的数字技术来提升效率，或通过拓展人力贡献的广度来实现社会型改良。在某些情况下，我们或许能看到两种改良方式并驾齐驱。数字技术的直接影响是某些人类劳动者被淘汰。但随着人力从最适合数字技术发展的经济版图中隐退后，人类可以在社会经济的浪潮中发挥新的作用。有时，在原有的工作历经社会型改良之后，冗余的劳动力也可能重返昔日的岗位。

有些工作势必要走向最终的消亡，但没有人会为此感到惋惜和遗憾，这其中一个工种便是销售员。我们期待数字化的发展能够让人们免受乏味单调的工作的困扰——终日端坐在收银台前，不停地扫描商品条码。亚马逊的无人便利店便是一种尝试，这种便利店主打“拿了就走”(Just Walk Out)技术，在此顾客无论拿着何种商品都可以径直走出店去而不必到收银台排队。光临亚马逊无人便利店的顾客只要在进店之际用手机下载一款应用软件并在扫描仪上录入自己的客户专用条形码即可。各色传感器会追踪顾客的活动轨迹，并将他们与被从货架上取下的商品相关联。商店会记录顾客的离店时间并从其账户中扣款。这种未来趋势似乎十分令人振奋。今后，超市购物者将不再需要排队结账了。但是，当我们将销售员如手工纺织工一般推向职业“垃圾场”之前，应当想一想是否有可能以社会型改良的方式重塑这一工作。对于销售员而言，他们在数字时代的命运可以呈现出两种态势：有些人将被“拿了就走”技术所取代，但是其余的人在发现自己挣脱了收银台的束缚后摇身一变，走上了经社会型改良重塑的销售员岗位。

比如，经历过社会型改良之后的销售员岗位上的人员可以成为私人导购，他们了解目标顾客并且可以帮助顾客找到适合的产品。富豪聘请私人导购来协助他们购买到称心如意的产品，并期望产品推销员能为他们提供个性化的服务。20 世纪 90 年代的电影《风月俏佳人》(*Pretty Woman*)刻画的一个高端购物场景令人记忆犹新：一名富商带着女伴走进了洛杉矶的一家时装店，这家时装店的店员是出了名的势利眼。富商对于心中的预期丝毫不加掩饰——“你知道我们需要什么吧？再来几个人过来帮忙。我来告诉你为什么，因为我们打算在这儿花上一大笔钱，所以得有很多人过来为我们服务，我们就喜欢这样。”幸运的是，那位销售员很肯定地回答道：“先生，要我说，就您的要求，来洛杉矶，到我们店里，您算是来对了！”我们能断定，如果我们让这名富商和其女伴游览的高端时装店引进“拿了就走”技术，让购物活动的社会型印记荡然无存，那么，这位富商一定会毫不犹豫地拒绝。你可千万别妄想亚马逊无人便利店背后的王牌科技能够迅速推广至各大品牌店中。社会-数字经济的社会经济分支将为私人导购提供众多机会,让那些财力一般的人群也能享受到此类服务。私人导购将会了解你的喜好,并将你的喜好与某一区域的购物机会相结合。在数字时代,私人导购所涉猎的领域并不局限于高级时装,他们或许能为我们在餐饮选择上献计献策。专攻餐饮业的私人导购依靠的并非算法,他们不是利用海量数据来计量饮食搭配,而是根据他们曾经的根汁汽水配寿司的愉快的饮食体验来推荐的。

对于某些工种而言,数字化改良方案的实现概率远大于社会型改良方案。对于未来全面自动化的飞机驾驶系统所能带来的超高效率,人类飞行员只能自叹不如。不难预测,计算机控制的飞机的安全性将远胜于人类飞行员所驾驶的飞机的安全性。但是,这还解答不了我们的疑问——飞机究竟是由计算机控制更好还是由人类飞行员驾驶更好呢?人类经常明知死亡的风险会上升却仍逆势而为,并且还认为这样做并无不妥。人类会在标识指向不明的山路上骑行,然后再汇入滚滚车流中返家。在某些工作领域,我们可以坦然接受为保留人性印记而付出的代价,但这在另一些领域却是万万行不通的。我们会谅解人类咖啡师因走神而下错了单,却不太可能原谅人类飞行员被失灵的仪表盘分了神而没注意到飞行高度骤降引发的致命空难。

优步与爱彼迎的数字未来泾渭分明

在对待是选择数字化改良还是社会型改良的问题上,优步与爱彼迎(Airbnb)呈现出了某种程度的分歧。记者布拉德・斯通(Brad Stone)认为这两家企业的掌舵者都属于在排兵布阵上训练有素的外向开朗人士,不像谷歌与脸书的创始人那样内向。优步与爱彼迎之间有共通之处。两家企业的总部都位于美国旧金山,且都经营平台业务。用数字企业家最爱用的动词来形容就是,二者都"撼动"了业内根深蒂固的现行模式——优步撼动的是出租车行业,爱彼迎撼动的则是酒店行业。爱彼迎甚至是在无须拥有或建造一家酒店的前提下成了全球最赚钱的酒店企业。正如我们在第三章中所看到的一样,平台业务的主体价值在于其搭建的网络。优步与爱彼迎的成功源自双边市场的形成,他们将需要乘车或住宿的人群与愿意有偿提供便车服务或住所的人群整合到了一起。驾驶员与乘客或房东与房客间的互动沟通都发生在优步或爱彼迎的平台上。平台将卖家与买家相互匹配,并从中抽成。两家企业都深谙公共关系的价值,在这类双边市场中,当客户的实际体验有违于优步或爱彼迎的完美理念时,企业就要做出支持客户的姿态。但优步与爱彼迎想要搭建的双边市场的总体模式为,当人们选择进入市场时,他们就已经自愿接受为可能发生的意外事故承担责任。无论是民众的怒火还是法律诉讼行为都应当指向双边交易中的侵害方,而不是对每笔交易的具体情况丝毫不过问的平台企业。

优步与爱彼迎之间固然有诸多相似之处,但是在对待数字时代的社会型工作一事上,二者的态度截然不同。我们在第一章中论述了方兴未艾的无人驾驶汽车技术。优步的创始人特拉维斯·卡兰尼克(Travis Kalanick)对谷歌演示的无人驾驶汽车的雏形表现得非常激动,对此,斯通这样描写道:“这种汽车的构想一旦成真,我就会把坐在车辆前排的伙计给辞退……这就是边际利润扩张。”优步的驾驶员抗议说,乘客支付的钱款中有20%被优步收取了。我们已经见证过“任意物品10亿倍”原理,脸书广告商付出的小额酬劳在“摇身一变”后成了脸书公司的巨额收入。截至2016年7月,优步已经促成了20亿份订单。目前,优步驾驶员赚取乘客所支付车费中的80%。如果优步不需要向坐在车辆前排的司机支付酬劳的话,可以省下的金钱就是车费的80%乘以20亿,这对于优步而言,的确是一种不容小觑的边际利润扩张。

但是,爱彼迎的做法似乎与优步大相径庭。2016年,爱彼迎在官网上增加了两个新的页面——“体验”与“地点”来提升服务。布拉德·斯通对于“体验”的描述如下:

> 在“体验”项目中,游客将能够定制别样的短途旅行,诸如去佛罗伦萨采集松露或去哈瓦那参观文学作品中出现过的地标,而当地企业家与知名人士也会设计并展开此类旅行。

爱彼迎的各类体验项目收费不等。斯通曾提到,与退役的相扑冠军小锦八十吉(Konishiki Yasokichi)过招的体验费用为800美元,具体的体验项目包括参加一次训练课程、获得出席锦标赛的席位以及享受一顿豪华大餐。爱彼迎的“地点”服务则将游客与当地房东联系起来,房东能够帮助旅行者规避门类单一的模式化旅行活动——蜂拥而至的游客到了巴黎或者罗马，除了到古斗兽场或卢浮宫门前大排长龙之外也想不出还能去哪里。只有在与真正的罗马人或巴黎人打过交道后，游客在短时停留中才能享受到一般只有行家里手才能获得的体验。游客可以问："你能让我了解'真正'的罗马是什么样的吗？我想到罗马人会去的地方吃饭，而不是去古罗马斗兽场附近专门骗游客的地方。"如果他们问："你能带我去展出巴黎先锋艺术作品的美术馆看看吗？"好的房东肯定不会带他们去卢浮宫——那座房东在青少年时期便常常造访的博物馆。爱彼迎的联合创始人布莱恩·切斯基(Brian Chesky)强调了该公司新推出服务的社会意义。他谈道："至于是不是只有人类才能驾驶汽车，这一点我不知道。但我知道只有人类才能迎宾待客，只有人类才能关怀照顾他人。如果你需要什么手工制品，也只有人类能够做到。"

比起迫不及待地希望将"坐在车辆前排的伙计辞退"的那位先生而言，切斯基则认为人类可以彼此成就，其眼光似乎要比前者敏锐得多。这仿佛为我们描绘出了数字时代服务行业的远景：人类从机器能够完成得更出色的工作(例如驾驶汽车)中隐退，转而投身于需要他们发挥社会型天赋的领域——帮助摸不着头脑的来客体验他们周遭非同凡响的景致、风味、声音与气息等。切斯基可不愿意辞退能带来客在大阪四处游览的伙计。

如果我们非要对切斯基吹毛求疵的话，他大概就错在不该用生硬的科技术语来传达这些愉悦感。人类的所行所感在被爱彼迎重新包装与营销后成了所谓的"体验"。对于爱彼迎最新的服务升级，切斯基如是说："苹果如何塑造手机行业，我便要如何打造旅游业。"现在，你如果想要飞往西班牙的马德里——一座你并不了解的城市，爱彼迎官网的做法可能是找人带你到这座城市最棒的地方去品尝阿斯图里亚斯地区出产的苹果酒。在我看来，这算得上是一种最佳方式。但当你从马德里返程时，切斯基则期望你能将度过欢乐时光的大部分功劳归于爱彼迎。我希望'在未来'我们能够享受切斯基提供的各色服务，却不必对他与他的继承人感恩戴德。

一边是身在马德里，想要品鉴阿斯图里亚斯地区出产的地道苹果酒的游客，一边是愿意收取合理费用带这些游客去苹果酒平价店的当地人，双方竟然能够通过一家网站完成近乎实时的无缝对接。在赞叹与震撼渐渐褪去之后，我们就能够重新评估在成就这种体验的一切贡献中所蕴藏的价值。互联网被奉为当下的神奇技术，而电力是过去的神奇技术，由此可知，过去的神奇技术如今已司空见惯。现在的我们无法想象，当初在人工照明点亮起居室时，人们是如何的欢欣雀跃。你也很难想象出你要去的哪些地方会是不通电的。你或许会细心留意自己想要预定的酒店是不是配备有无线路由器，但你一定默认，你所去的地方肯定有电网覆盖，除非该地是以偏僻荒凉而著称的。我们说，电力已经乏善可陈，但这绝不代表电力就可有可无了。恰恰相反，比起视电力为奇迹的民众而言，我们现今的生活对电的依赖程度更甚。没有了电，本书聚焦的各种数字技术也就无从实现。我们在乎平价稳定的电力供应，对任何可能造成电力中断的因素都心怀不满。我们不应当忘记人们对安然公司表达的愤慨，因为那家公司竟然试图在电力供应上耍花招并以此牟利。

我们如何确定一项服务的功绩归属对于如何分配这项功绩带来的相应经济报酬起到了决定性的作用。现今的平台服务占有了这些经济报酬中的相当比例。乘客所支付钱款中的20%归优步所有。优步之所以可以得到这么多是因为驾驶员与乘客都深知优步网络的实力。爱彼迎更是将网络业务经营得风生水起。当客户在爱彼迎官网上下单预订时，网页上便会弹出“免客户服务费”的标签页。直到房东确认订单后，这笔费用才会被收取。根据爱彼迎官网上的说法，“客户服务费的收取比例一般是6%～12%，但可能根据预订的具体细节上下浮动。”除此之外，房东还将按照税前成交价格的3%来支付“房东服务费”。我并不认为我们应当现在就出面干预以颠覆这些游戏规则，而只是表示当我们聚焦宏图远景时，我们会看到未来的人类对于他们所享受的服务将不再按照现在的思路对贡献者论功行赏。不难想象，即便现在的心脏外科医生会对心脏外科手术平台带来的额外业务量心存感激,他们也不会容许平台公司从手术费用中抽取10%~20%作为所谓的“平台服务费”。因而,我们可以展望,到了未来,利用互联网或是任何互联网替代技术向游客提供服务的人会认为爱彼迎收取6%~12%外加3%的服务费的做法无异于敲诈勒索。但现在,我们对此还无能为力。想要将陌生人带到你最喜欢的咖啡馆并从中获取收益,同时享受社交愉悦感,这就意味着你需要利用爱彼迎。目前,爱彼迎的存在必不可少。或许到了未来,社交网络公司与享受爱彼迎式“体验”的客户之间的关系能够如享用电力的民众与供电公司之间的关系一样,达到双方都满意的状态。如果电力公司串通一气,威胁说要切断我们的电力供应,许多人很可能就会同意支付远超目前数额的费用以求规避这一风险。于是,我们将希望寄托在政府身上,由政府出面阻止此类情况发生。因此,与人类生活日益密不可分的数字化服务有望通过社会型方式来进行管控与利用。

我们希望,在数字时代,人们能够利用互联网或其更新换代的产物找到愿意收取低廉费用带他们四处游览的陌生人,但我们也应该承认这一切的价值几乎都源于服务提供者。如今的诗人需要缴纳电费才能在夜里继续创作,他们会将诗集献给挚爱之人,却不太可能会献给为其带来光明的供电公司。人类在态度上的转变将使互联网成为明日的司空见惯之物。你会为这种平平无奇的服务付费,但支付的费用绝不会太高。

社会型工作：太空探索

在某些情况下，我们要思虑清楚：一种岗位角色的弥足珍贵之处是什么。试想一下太空探险家这类角色吧。我们有理由盛赞人类太空探险家的功绩和成就，我们崇拜第一位进入太空的人——尤里·加加林(Yuri Gagarin)，以及第一位登上月球的人——尼尔·阿姆斯特朗(Neil Armstrong)。目前，在太空探索领域，技术娴熟的专业人员必不可少，但数字革命迫使我们认真思考人类在太空探索上的价值所在。

有一种观点认为太空探索强调的是效率，因而人类太空探险家应当即刻退出历史舞台。这种观点将数据的获得作为太空探索的唯一目的。随着人类收集并分析的数据日益增多，人类对于宇宙及自身在宇宙中的地位的了解也日渐加深。我们展开太空飞行任务以收集无法通过望远镜或其他地基技术获取的数据，然后通过分析此类数据揭示有关宇宙及人类在宇宙中的位置的新知。

长久以来，人类对于将真人送入太空或送上其他行星乐此不疲，从上述视角来看，这种经久不衰的兴致倒显得有几分令人迷惑不解。不妨思量一下将人类送上火星的愿望吧。人类在奔赴火星的旅程中遇到的环境条件以及火星上固有的环境与人类在身心进化过程中所处的环境有天壤之别，因而人们不禁疑窦丛生：人类生理与心理的极限是否能够承受在火星与地球之间的穿梭之旅？对于太空探索任务的规划者而言，人类的参与意味着异常高昂的成本。火星登陆计划中囊括的许多设备都需要专门配备，以满足维持人类生存与愉悦的需要。人类宇航员也需要其他人的陪伴，以免其在飞往火星的数月时间里精神崩溃。每增加一名宇航员便需要相应增加技术方面的基础设施，以保证他们有氧气可呼吸，有水可喝，有食物可吃，并能保持愉悦的心情。我们要将这些困难放在大背景中考量——人类已多次成功地向火星发射无人探测器。

诚然，曾经有些意外险情是由人类宇航员排除的。1999 年，美国国家航空航天局派出的火星气候轨道探测器因地面人员在计算推进器动力时未能将英制单位磅转化为公制单位牛顿而在火星大气层起火燃烧。如果当时有人类宇航员在场，这一差错可能会得到及时纠正。但这种对于人类宇航员寄予的厚望将过度深化人类例外论信仰。与人类的参与相伴而来的是成本。火星气候轨道探测器的失败是一次挫折，但如果当时有人类宇航员在场而他却没有注意到这一差错，这恐怕就是一场悲剧了。

当人类参与太空任务利大于弊时，以效率为先的理念便会自然而然地让太空任务规划者接受与载人航空计划相伴的种种负担。对于如何正确衡量究竟何时该让人类参与其中，我们有一条建议可供参考："机器人……高度适宜需要完成精密或重复性测量、机动动作的太空任务，或者持续时间漫长的太空任务，而人类则更适合包含决策制定，或是需要科学家不断进行调整与干预的太空任务。"人类决策的重要性在 1970 年一项失败的登月计划——“阿波罗13号”的故事中被展现得淋漓尽致。人类用聪明才智拯救了一艘原本似乎在劫难逃的飞船。当时，“阿波罗13号”的氧气罐发生爆炸，人类赖以生存的氧气逸散到太空中。我们很难想象，美国国家航空航天局当时能够设计出相应的技术，使机器拥有像“阿波罗13号”飞船上三位宇航员一样的全局问题解决能力。这些宇航员运用灵活的头脑化解了此次飞行任务规划者始料未及的危机。

我们或许会震撼于“阿波罗13号”宇航员的英雄事迹，但同时也要清醒地认识到目前两大相生相伴的偏见——对机器的成见以及对于“人类例外论”的深信不疑所带来的影响。我们应当想到，将人类送往火星并负责收集火星相关数据的技术正在经历指数级的飞跃。现在的机器所面临的限制将不再成为未来太空探索技术的短板。我们用在驾驶无人汽车及无人机上的基础技术同样可以被轻松运用到宇宙飞船上。

导演朗·霍华德(Ron Howard)在1995年执导的电影《阿波罗13号》另辟蹊径，体现了人们对人类太空探索的普遍关注。随着人类太空探险家周遭的数字技术日新月异，人类似乎就只能黯然出局。但是，我们应当承认，这种评估结论是建立在效率价值的基础之上的。人类太空探险家的低效将使他们在各类技术面前失去竞争力。

但是，当我们将太空探索视为一种社会型工作时，人类就成了太空任务中真正意义上不可或缺的元素。当我们听到尼尔·阿姆斯特朗的名言“个人的一小步”时，脑海中便自然而然地将自己的脚伸进了他那双超大号的太空靴中。当地球上的电视观众听到阿姆斯特朗说“这是个人的一小步,却是人类的一大步”时,我们便会好奇他心里在想什么。他是说,对于一个人来说,那是一小步,而对于全人类而言那却是一大步吗? 我们在间接地体验着人类中的第一人踏足异度空间时的激越昂扬。据估计,当时约有6亿电视观众在间接地体验人类踏入外星世界时的所知所感。我们幻想着阿姆斯特朗的雀跃激动,好奇地猜想第二位登上月球的人——巴兹·奥尔德林(Buzz Aldrin)是否会为自己风头尽失而感到失落。有些人或许还会对废弃的火星漫游车产生同情。在光荣服役数载之后,“精神号”(Spirit)火星探测器,也称火星探测漫游车-A(MER-A, Mars Exploration Rover-A),就静静地躺在了火星表面。没有人会郑重考虑要采取措施,模仿小说及其同名电影《火星救援》(*The Martian*)中的桥段,像将其中虚构的人类宇航员马克·沃特尼(Mark Watney)营救回地球一样,将“精神号”火星探测器也救回来。虽然人们不禁对“精神号”火星探测器心生怜悯,但它却没有可与我们心意相连的情绪感受。被丢弃的探测器与为了给飞船减重而被扔掉的烤面包机相比,带给我们的感受并没有什么差别。

人类宇航员之所以重要是因为体验经历对人类而言很重要。我们将同胞送上火星,那么地球上的所有人便都可以将自己代入宇航员的角色,感觉仿佛到达火星的人就是自己。我们在观看加里·卡斯帕罗夫的比赛时也能体会到这种感同身受的愉悦,而这种愉悦是我们无法从计算机“深蓝”身上获得的,即便

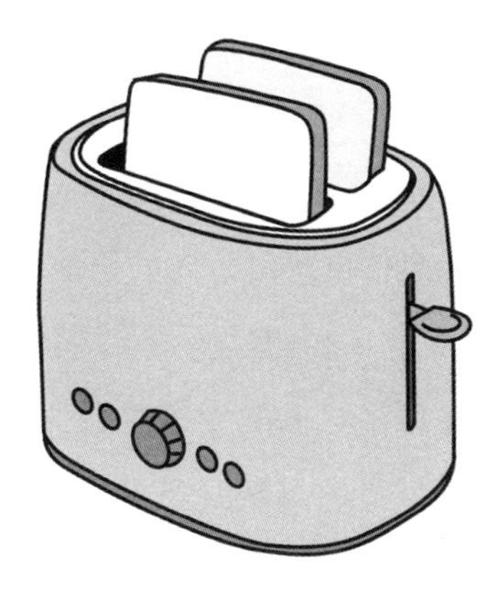

后者的棋艺比前者还要略高一筹。我们想了解火星上是什么样的,当我们把同胞送上火星时,到达火星这件事便被赋予了社会意义。我们渴望太空探险家告诉我们,在这颗红色星球表面上行走是什么感觉。将太空探索视为社会型工作的人同样关注与人类太空探险家相伴的低效。这些人会努力开发各项技术以提高人类的效率并照顾到人类方方面面的尴尬需求。如果我们可以坦然地接受人类是太空探索事业中不可或缺的一环,那么这种努力的着眼点就是明智的。

当萨莉·赖德(Sally Ride)登上“挑战者”号航天飞机进入太空时,她就成了世界上首位成功进入太空的女性。萨莉以惊人的效率在“挑战者”号航天飞机中执行了相关任务,但除此以外,她还扮演着一种社会角色——作为一名女性进入太空。在升空之前,赖德遇到了各种诋毁她的问题——航天飞行是否会损坏她的生殖器,以及万一事情不妙,她会不会哭鼻子,等等。她迈上航天飞机的一小步,对于全体女性而言却是一大步。我们听过许许多多故事，讲述尼尔·阿姆斯特朗的首次月球漫步如何令年轻的男孩浮想联翩。那么，年轻的女孩会更容易将自己代入萨莉·赖德的角色，在遐想中遨游太空。

假设我们未来完全任由效率为先的价值观主导太空探索领域，那么随着数字技术集成包的发展，人类将在这一领域完全销声匿迹。我们会将探测器送入太空收集数据，获取的部分数据可以直接由探测器上自带的机器进行分析，另一部分则会被传输回地球，由更加强大的机器进行智能处理。这样的未来图景与好莱坞反乌托邦影片中机器反抗人类创造者的场景大同小异。让机器代表人类探索太空虽然也有几分道理可言，但人类的决策与机器的探索之间却将被完全剥离开。在讲述阿波罗计划的经典电影中，太空航行的地面指挥中心挤满了大汗淋漓、一根接一根地抽烟的人类，而这种场景今后将不复存在，取而代之的是效率惊人的机器智能地从接收到的海量数据中探索规律模式。

结语

在第五章中，我将社会经济设定在人类精神互动的基础之上，而本章则着力探讨数字经济产品与社会经济产品之间的差异。许多数字经济产品的边际成本是零，或趋向于零。数字经济企业往往可以实现规模化效应。在城镇范围内运行良好的应用程序可以通过扩大规模，覆盖整个州，而这些性质是社会经济产品所不具备的。社会经济产品要耗费情感精力。往视频网站优兔(YouTube)上传一段视频,从中再现撕心裂肺的舞台表演是轻而易举的,但是真实舞台表现出的情感震撼却将大打折扣。在优兔上观赏切瓦特·埃加福特(Chiwetel Ejiofor)饰演的奥赛罗(Othello)与身临其境观看舞台表演是无法相提并论的。数字经济的效率会促使人类慢慢淡出力不从心的工作领域。但是,现今某些工作的未来尚不明朗。这些领域如果走数字化改良的道路,我们就将看到机器彻底取代人类,但如果这些领域走社会型改良的道路,我们将会看到的是人类会在更广的范围做出贡献,并且更为举足轻重。

从某种程度上来说,这样的未来倒也可圈可点,但我们究竟有几分把握能够实现社会经济,迎来各种各样的经过社会型改良的工作呢?在下一章,我将着力寻找这个问题的答案。我想,我们不应该想当然地认为这样的未来只是预言,而应该将其视为值得我们奋斗的理想。

第七章

以温和的乐观心态畅想数字时代

在前文中，我已经描述过人类生存于数字时代的一种可能图景：多亏了功能异常强大的数字技术，人类得以有暇分神，并能够更加直接地感受到彼此的需求，而正是这一点造就了社会经济的崛起。社会经济模式中包含了当下多种工作在经历社会型改良后呈现的形态。在现今全民都对数字产品趋之若鹜的年代，社会经济并没有得到足够的重视。但随着人类对数字技术习以为常，我们或许就不再会为之如痴如狂。推特与装有全球定位系统的智能手机也许会步电力的后尘——曾经的奇迹如今已司空见惯。在享受数字服务的人群眼中，当下数字技术霸主们拥有极致财富的情况也将显得并不合理。届时，我们看待这些数字技术霸主的眼光就会与我们现在看待 20 世纪能源产业中的强盗贵族的眼光一样。我们会选择奋起反抗来阻止这些数字技术霸主利用数字经济巧取豪夺。本章旨在以温和的乐观心态来看待社会-数字经济。这种经济模式不仅仅是全人类在数字未来中最美妙的图景,同时也是可以真正实现的理想。

本章的主题之一是将社会-数字经济与其他关于数字未来的理念构想加以比照。我认为,正是兼具吸引力与实用性的特性让社会-数字经济在诸多看似叫人心驰神往的数字未来图景中独占鳌头。在此,我要讨论与社会-数字经济模式有竞争关系的另外两种未来图景。其中之一是杰里米·里夫金提出的"协作共同体"。在里夫金对数字未来的构想中,人类摒弃了资本主义社会的冷漠理念——数字技术只是积累个人财富的手段,相反,人们将利用数字技术进行创造与分享。但我认为,对于人类共同体而言,里夫金的构想最多只能窥探到我们面对的数字未来的局部。这种未来图景吸引的主要是那些对于如何创造性地运用数字技术集成包了如指掌的人群。第二种看似令人怦然心动的人类未来图景则包含了一个重要理论——全民基本收入。这个理论表明,在数字时代,人类如果意图彰显人性化,那么依靠的将不是各类新型工作的问世。恰恰相反,我们要为无业时代的到来而欢呼喝彩。该理论的倡导者认为,全民基本收入体系可以将身处数字时代的人们解放出来,让他们不必再为五斗米折腰,而是能够肆意地享受人生。对此,我要以"工作即常态"理念加以反击。根据"工作即常态"理念,工作既是我们大多数人在成长过程中无限向往之事,也是人类社会属性的一种表达——我们愿意通过为社会做贡献的方式来谋生。工作促进了陌生人之间的交流与接触,对保证21世纪纷繁复杂的社会形态能蓬勃发展起到了至关重要的作用。我们为由陌生人构成的社会做贡献，从而可以名正言顺地分享整个社会所创造的财富。“工作即常态”理念并不意味着我们认可当下许多工作中烦琐乏味、有失体面的环境条件。我们应当抛开在论及适用于富人和穷人的工作时所使用的双重标准。适用于穷人的工作用经济学术语来描述似乎就是具有“负效用”。他们的工作毫无乐趣可言，实际上也没人会认为这些工作会具有趣味性。经济状况不佳的人从事此类工作仅仅是因为这种“负效用”可以通过有薪金入袋的“正效用”而得到抵消。然而，许多收入体面的人在提及他们酬劳颇丰的工作时，则会道出其肺腑之言，“其实我从事这份工作并不是为了钱”。他们希望自己所从事的工作是有意义、有乐趣可言的。他们声称自己拿高工资是理所应当的，其着眼点并不在于诉诸个人工作中的极端负效用，而是强调这份工作带来的巨大的社会贡献。我们在抛开这种双重标准后，便能够设计出一类社会型工作，其收益虽然比电影明星之类的社会型工作的薪酬逊色，却有乐趣性可言。“工作即常态”理念并不是对无业人士的污名化，我们也不支持这种污名化。“工作即常态”与“全民基本收入”之间并不能画等号。

预言与理想之间的逻辑差异

经济学家保罗·罗默(Paul Romer)区分了两种类型的乐观，这对我们大有帮助。一种是自满的乐观，罗默以“等待礼物的孩子的心情"来表述这种乐观，而另一种是更主动的有条件的乐观，罗默将其表述为"构思建造一座树屋的孩子的感受——'如果我能有一些木头和钉子，再叫上几个朋友来帮我的话，我们将完成非常酷的作品。'" 罗默建议，在对待技术进步方面，我们应当持有条件的乐观态度。我们不能想当然地认为，只要放松心情，等到技术成熟后产品就会纷至沓来。我们无法拥有这一切，除非我们能做出正确的选择。

接下来，我要探索另一种途径来甄别对待未来的自满态度与主动态度之间的差别。一些数字未来的拥护者往往倾向于将数字时代的人类前景构想当作预言。比如，试想一下杰里米·里夫金所展望的全人类共同的数字未来吧。里夫金盛赞了互联网的人际联通之力。互联网能将人类个体凝聚在一起以对抗独裁。我们只要看看推特与脸书在促成所谓的"阿拉伯之春"(Arab Spring)运动中所起的作用便知晓了。社交网络技术建立在人类携手共创价值的基本取向之上。互联网使创立里夫金所谓的以人际需求的联通与共享为基础的"协作共同体"成为可能。里夫金谈道："资本主义市场建立在自我利益的基础之上，它受物质利益驱动，而社会共同体则是由协作利益激发而生的，是由与他人建立联系并共享利益的深层次愿望驱动的。"随即，他又补充道："随之而来的结果是市场中的'交换价值'日益被协作共同体中的'共享价值'所取代。"然后，对于我们应当如何使用由未来主义作家阿尔文·托夫勒(Alvin Toffler)在20世纪80年代初期首倡的新型技术并从中获益，里夫金为我们厘清了整体思路。托夫勒创造了“生产消费者”一词来描述参与到其所消费物品的生产过程中的人。数字革命加速了生产消费者运动,将我们从集团公司眼中用于倾销价格虚高的数字产品的被动消费者,变成了积极参与自身所使用产品的制造过程的强大的生产消费者。

这是一种理想,还是一种预言呢?回答这个问题的关键是要注意到理想所遵循的逻辑与预言的逻辑是相互矛盾的。当你将一种未来构想表述为预言时,你便会把它阐释为即将发生的事情;而当你将未来构想称为理想时,你的言外之意便是它的实现需要台下的听众付出努力。预言明日太阳会照常升起的人意在表明无论我们做什么,太阳必然会升起。没有人会在夜幕降临时暗下决心,想要奋力一战,好让明天早上太阳能冉冉升空。威廉·威尔伯福斯(William Wilberforce)将废除奴隶制称为一种理想,他号召生活在蓄奴制盛行的英国的每一个人为实现这一理想而奋斗。他可不是想说,那些听他演讲的听众可以慵懒地瘫坐着,只要心中坚信英国再无奴隶的预言必将实现就好。

理想的倡导与罗默的有条件的乐观之间有所差别。你可以将某事称为理想,但与此同时对这种理想转变为现实的可能性持悲观态度。我郑重声明,我本人在气候变化问题上属于悲观主义者。对气候变化持悲观态度并不是否认气候变化的存在,而是承认人为引起的气候变化情况属实,而且这种悲观态度其实与人类可以携手逆转某些人为引起的气候变化的负面影响的观点之间并不冲突。只是,气候变化问题上的悲观主义者质疑

的是人类是否真的会携手合作。2016 年的美国大选结果表明，美国会继续发动劳民伤财的反恐战争以及建造边境墙，而非遏制气候变化。一位美国领导人迫于无奈说出了“我相信人为引起的气候变化的情况是属实的”一类的字眼，但他却不太可能会在这方面投入财力及物力以求有所作为。对气候变化有所作为需要的不仅仅是认识到这是一种可能招致惨烈后果的真实存在的现象，同时必须将预防或减轻这些后果摆在第一位，并使其超越其他更多以政治利好为考量的目标。如果有人问我会如何下注，那么，我赌人类将会承受气候变化所带来的恶果，而最底层的穷人肩上的负担是最重的。我希望自己是这场赌局的输家。因此，我提出了一种理想——打造真正的绿色经济。

如果“协作共同体”是一种预言，那也就是说无论我们做什么，它都必然会实现。人类创造出互联网，转而互联网又实现了共享价值。因此，在我们经历了与意图制霸互联网所有权的人之间的数次对抗之后，“协作共同体”便会赫然出现在眼前。

但是，我对于将“协作共同体”视为关于数字时代的一种预言这种提法表示怀疑，且怀疑的理由有两个。首先，一般来说，我们有充分的理由质疑一切关于数字时代的预言，因为技术集成包与形形色色的社会构成模式都能和谐共生。工业技术集成包催生了美国强盗与贵族横行的镀金时代、20 世纪 30 年代苏联的大清洗与纯属人祸的大饥荒，以及 20 世纪 70 年代拥有慷慨的社会保障网络的社会民主主义国家瑞典。这些多样的社会形态在进行排列组合之后很可能就能与数字技术集成包珠联璧合。里夫金的“协作共同体”便是备选项之一。但是，我们没有依据，不能够先验性地去排除各类出现在科幻小说情节中的数字反乌托邦——少数人掌控所有机器，其余的人则很难接近并利用这些机器的国家形态——成为现实的可能性，从而保证“协作共同体”与反乌托邦完全绝缘。

其次，里夫金为数字时代勾画的美好愿景与其他更悲情的未来人类体验构想一样，并不是必将到来的。思考一下马克·安德森(Marc Andreessen)的观点吧。他将数字时代的人分成两类：“吩咐计算机做事的人，与听从计算机的吩咐做事的人。”令人扼腕的不平等状况日渐加剧，这意味着这种未来或许就是我们最终的归宿。拥有计算机并得以通过计算机发号施令的人口占比会从 1%缩减到 0.1%，而听从计算机吩咐行事的人口占比则将从 99%上升为 99.9%。美国著名媒体人安德鲁·基恩(Andrew Keen)预测，人类将会迎来一个“赢家通吃，两极分化加剧的社会”。他眼里的未来世界中存在着一道几乎不可逾越的鸿沟，而正是这道鸿沟将大多数的被奴役者与少数由数字技术造就的精英割裂开了。

从目前的形势来看，安德森所勾勒的数字反乌托邦实现的概率要高于“协作共同体”或社会-数字经济，似乎这个反乌托邦才是我们现在前进的方向。在第三章中，我公开质疑了一种观点，这种观点认为假定信息实现了自由化，我们就可以确保所有人都能接触并利用信息。信息能够被束缚多久取决于意图束缚信息的人手中积累的资源。谷歌与脸书利用财富笼络了大批律师与政客来维护信息的主权归属，即便是这些公司的创始人都信誓旦旦地声明他们将致力于实现里夫金口中的理想。我们评判马克・扎克伯格、谢尔盖・布林(Sergey Brin)与拉里・佩奇(Larry Page)时，应当将他们及其公司的所作所为作为依据，而不应听信他们的甜言蜜语。

我提出的社会-数字经济并不是一种预言，有很多的情况都可能导致我们无力实现这一经济模式。当我们谈到对于未来的美好预测时，我们心中应当牢记列夫・托尔斯泰(Leo Tolstoy)在《安娜・卡列尼娜》(*Anna Karenina*)中关于幸福家庭的至理名言:“幸福的家庭都是相似的，而不幸的家庭却各有各的不幸。”通往数字时代的人类全民幸福生活的道路不止一条，但在各种各样的未来可能性中，数字反乌托邦的支持者数量却似乎实实在在地超过了数字乌托邦。对于支持以社会-数字经济模式为基础的未来理念的人而言，当下似乎存在着一些不祥的预兆。在现在紧缩的经济形式中，最为岌岌可危的工作便是那些在未来的社会经济中需求量最大的工作。当医院解聘负责接洽患者咨询的员工并以自动化系统替代时,从表面上看,医院似乎引进了效率更高的运行模式。我们无法仅凭一些“数字时代的逻辑”就轻松逆转这种趋势,我们必须要认识到自身的力量:我们能够挣脱当下“效率至上”的观念的束缚,可以不随波逐流地前行。如果我们继续对以与他人直接打交道为谋生之本的人嗤之以鼻,那么我们最终的归宿就只能是非人性化的数字反乌托邦。但是,一种真正意义上的社会-数字经济不仅是可能实现的——这种经济模式与数字技术集成包是兼容的,同时更是值得我们为之奋斗的。

重要的是,我们不能将关于数字时代的任何令人神往的描述视为预言。因为只要是预言,无论是带有乌托邦色彩还是反乌托邦色彩,它都会令人消沉。我们可以以史为鉴。1941 年 12 月 22 日至 1942 年 1 月 14 日,温斯顿・丘吉尔(Winston Churchill)与富兰克林・D. 罗斯福(Franklin D. Roosevelt)在美国华盛顿特区会面,共同商议击败轴心国所需展开的合作的总体目标与具体条款。这次会面成效卓著,正是两位元首在对未来态度上的可圈可点之处促成了此次的成功会面。在未来问题上,丘吉尔与罗斯福都规避了两类会令人意志消沉的信心。首先,他们规避了会导致消极情绪的乐观主义。当如今的一些历史学家将同盟国与轴心国的综合实力放在一起比较时,他们往往会得出以下结论:只要美国、苏联与英国能够坚持到底不动摇,那么,德国、日本与意大利的最终溃败便是大势所趋。如果丘吉尔与罗斯福将这种理念引入他们的华盛顿会谈中,可能造成的消极情绪将会招致悲剧性的结局。如果他们都认为胜利指日可待,那么为什么不到罗斯福总统的酒窖去找几瓶香槟来大肆庆祝呢? 同时,他们也规避了悲观主义,因为悲观主义同样会令人消极沉沦。如果不是因为丘吉尔的慷慨陈词:“在英国,我们已经在竭力对抗希特勒的装甲军团。世界上没有什么力量能够击溃他们,现在,不可一世的日本又加入了他们的阵营。你的香槟在哪儿呢?”这次会谈根本无法如此顺利地推进。两位元首都深知自己所做的决策是在缔造未来,他们也相信错误的决定将会招致惨烈的后果。

丘吉尔与罗斯福都以一种充满不确定性的态度迈向了第二次世界大战的最终结局。他们既没有盲目相信关于第二次世界大战结局的预言,也没有对这些预言置若罔闻。他们对自己所面临的挑战的重要性心知肚明,而我们也应当带着丘吉尔与罗斯福那样的不确定性迈向数字时代。能与数字技术集成包相互兼容的社会形态不胜枚举。我们最终去往何方将取决于我们所做的决定与愿意为此付出的努力程度。对于数字革命所带来的社会变革后续如何,一切都还是未知数。

数字革命时代是充满了不确定性的时代。人类渴望预测未来,这也在情理之中,尤其是当我们身处这个人人惶惶不可终日的年代之时。这种不确定性还有另外一面:技术革命时代同样是一个充满了巨大机遇的时代。我们虽然是被迫做出改变,但我们可以影响自己做出改变的方式。步入数字时代之时,我们可以将自己视为来到一片新土地上的移民。搭乘“五月花”号轮船的一些人因英国无法容忍他们的宗教信仰而挥别故土,移居美洲则为他们带来了建立新型社会的机遇。在数字时代到来时,人类很可能会毫无准备地陷入安德森所描绘的社会体制——少数精英得以通过计算机发号施令,而剩余的人只能听凭计算机的摆布。我们可以温和地放任当下的不平等态势肆意发展,让其借数字时代的炫酷技术愈演愈烈,或者我们也可以创造性地利用数字革命的剧变来建立适应人类需求的社会。我信心十足地认为我们最终将实现社会-数字经济,这种信心与马丁·路德·金当初所说的话语如出一辙。他说道:“人类的道德弧线虽然很长,但它最终通往的是平等。”但是,他的话语也表明弧线中趋于不平等的重要节点所涵盖的范围还很大。

在思考技术解决方案与可能出现的社会解决方案时,我们应该避免在思考方式上有失偏颇。我们在思考社会解决方案时,要明白这些方案需要人类向着一个重要的共同目标携手并进。当我们对某种技术解决方案深信不疑时,我们往往不会因为遇到小挫折就灰心丧气。我们要想到,登月舱的雏形可能会爆炸,初代无人驾驶汽车或许无法区分卡车的白色车身与明朗的春日晴空。但我们要对科技进步的弧线充满信心,这条弧线通往的是成功的登月航程与安全的无人驾驶汽车。所有的故障问题终将被解决。然而,我们不能如此乐观地认为,人类在协作上的一时失利也能被轻易地修复。当因群体内部有些人的懒散惰怠或是弄虚作假而未能实现共同目标时,有些人往往会将失败归咎为人类的品性。他们仰天长叹,无奈地说只要有机可乘,人类总是要在体制中欺诈钻营,要利用社会福利项目来争抢自己本无资格获取的福利回报。对于深信人类能够牺牲短期私利来成就共同目标的人而言,他们的信仰源于那些个人牺牲自我成全大局的真实案例。我们讴歌在反法西斯战争中出现的牺牲小我的英雄事迹。因而,我们也有理由相信,当我们的目标在于建设而非摧毁时,这样的牺牲同样会发生在实现人类共同目标的过程中。

生机勃发的理想是心之所望

我们在描述理想时并不是在传达一种预言。理想只是表述出了令人神往的某种或然性格局。然而,理想不应当仅仅令人心生向往,同样也要值得我们为之奋斗,因此,理想必须是合乎现实的。在理想中,我们必须能够看到如何从当下的形态发展到理想境界中的格局。正是这种现实主义中和了我对于全人类数字未来怀揣的乐观主义情怀。温和的乐观心态使我们倾向于选择具有现实意义的理想,从当下出发迈向未来。

真挚的情感与现实的理想之间横亘着一道鸿沟。假设披头士乐队(The Beatles)的歌迷将脍炙人口的抒情歌曲《你所需要的只是爱》(*All You Need is Love*)奉为一种理想,深信这种理想能够指引人类去化解朝鲜与韩国或者以色列与巴勒斯坦之间的长久积怨,那么,这首歌曲就仿佛描绘出了一条通往人类大同的康庄大道。人们幻想着所有的以色列人与巴勒斯坦人在刹那间都感受到了彼此的爱,这样许多问题都可以瞬间迎刃而解了。但是,对于苦苦寻求化解这些长久争端的方法的人而言,这首《你所需要的只是爱》却没有多少借鉴价值。关于如何用无条件的爱取代目前重度的双边猜忌,歌曲中并未谈及。如果我们在朝韩两国的非军事区或加沙地带(Gaza Strip)播放披头士乐队的歌曲,这种行为将很可能会被视为一种拙劣的西方宣传手段。

有一些理想是脆弱的。对于脆弱的理想而言,部分依从将产生不了或几乎产生不了理想中预设的回报。部分依从甚至可能颠覆完全依从所带来的回报中的道德极性。实际上,想从部分依从发展为完全依从的做法根本上是行不通的。如果你神奇地让潜在的恐怖主义者与潜在的受害者通过集体拥抱感受到了彼此大脑中分泌出的内啡肽,乃至让双方都忘却痛苦,继而沉浸于愉悦之中,那么,你无疑让世界变得更加美好了。但是,我们对于世界与人性的了解告诉我们,这不可能。理想与现实之间并无通路。这种理想的脆弱性使得追逐理想的旅程变得艰险重重。从道德角度而言,部分依从可能导致的结果与它意图追寻的目标其实南辕北辙。如果恐怖组织将首批满怀憧憬的集体拥抱者屠杀殆尽,那么这种做法必然会令怀揣披头士乐队的人类大爱观的理想者心中的向往受影响。真挚动人的情感之下或许根本就不存在实现理想的通途。

另一些理想则是生机勃发的。在形成之初,它们可能是渺小的,渐渐地才发展得声势浩大。随着越来越多的人信奉并遵循这些理想,它们的成效也会逐渐变大,但即便是在支持者寥寥无几的时候，这些理想的成效也是不容忽视的。社会-数字经济在形成之初可能也很渺小，然而，我们可以迈着稚嫩的步子一点点地走向成熟，向生产社会经济产品并满足社会需要的生产者报以充分的回馈。与披头士乐队的理想截然不同的是，此时，部分依从衍生出的是早在预料之中的成效，而随着这些成效日益突显，理想也将赢得更多的未来信奉者的青睐。

社会-数字经济的理想为我们提供了通向完全依从航程的切实路径。如果我们能让人类继续从事那些原本可能会被交给机器的工作，我们就可以实现并享受人际互动带来的益处。我们也会因为人类的一次次成功而深受鼓舞、士气大振，继而努力扩大优势成效，而其他人则可以亲眼见证早期的理想奋斗者所收获的回报。

随后，我将把社会-数字经济与关于数字时代的另外两种乐观构想放到一起加以比较。在这些关于人类数字未来的图景中，究竟哪一种才值得我们为之奋斗呢？两大替代性构想之一便是杰里米·里夫金提出的“协作共同体”。人类会将自身的创造性与强大的数字技术合而为一，成为“创客经济”(maker economy)中的生产消费者，这是第一种创造性构想。第二种替代性构想则是“全民基本收入”。许多数字时代的公民应当利用数字机器预期中的高效来让人类免于在工作中亲力亲为。但我认为，数字时代的人类要有温和的乐观心态，社会-数字经济更符合这个标准。

社会-数字经济与协作共同体

在安德森描述的图景中，少数人类精英通过计算机发号施令，而大多数人无奈承认自己是听凭计算机调遣的人。相对于这种图景而言，里夫金的“协作共同体”理念显然更令人神往。里夫金向人们广泛地发出邀请，呼吁人们通过利用数字技术加入“协作共同体”。我们可以接受他的邀约，运用新型技术来实现彼此间的沟通联络，享受精彩纷呈的新兴创造协作形式。《连线》杂志的前任编辑克里斯・安德森(Chris Anderson)在普及创客运动方面功勋卓著。他脑海中的未来图景是，一个新兴的创意阶层利用3D打印技术与数字设计工具发起一场以个人为中心的全新的工业革命。

有些许欣喜激动之情伴随着数字化改良后的新兴创造形式从安德森的笔触中传递了出来。但是，这种模式不是向所有人开放的。在开明的政治理念中，最伟大的远见卓识之一便是抓住人类境况的典型特质——价值的多元性。成功的开明社会灌溉的是关于幸福生活的不同图景——以诗歌为核心、以超级马拉松为核心和以房地产的发展为核心的各种幸福图景。从这种开明的多元视角出发，里夫金的理念似乎显得过于片面，过于专注数字技术了。有些人对于互联网和与之相关的数字进步并不关心。我们不应当要求这些人将数字进步视为生活的核心。他们会发电子邮件，进行网络搜索，但在他们看来，这一切与当下许多人眼中的电力并没有什么两样。固然,关于如何让平价且环保的电力供应惠及大众,我们还存在着无穷的困惑,但对于许多人而言,电力与互联网一样普通,二者都不过是他们谋生过程中司空见惯的事物罢了。以数字技术的发展与技术潜力的探索为核心的生活方式和将数字技术与当下的电力同等看待的生活方式之间是有差别的。一位诗人需要文字处理系统与网络连接,就如同他需要电力来照明,好让他在夜间可以继续创作一样。他脑海中勾勒出的幸福生活图景与19世纪初期的浪漫主义诗人约翰·济慈(John Keats)描绘的图景如出一辙,但却与终日为脸书编写应用程序的程序员的幸福观相去甚远。蒸汽机或许成就了工业时代,但是大多数人所从事的生产工作却不是直接以蒸汽动力为核心的。在19世纪初期的英国,农民与教区牧师若是凝神反思,或许就会承认蒸汽动力赋予了他们所处的时代脱胎换骨之力,但他们却几乎不会在工厂中度过大把的时光,他们中的不少人也不会时常乘火车出行。对于一部分人而言,创客生活是妙不可言的。在一个公平的社会中,我们人人都可以因创客的存在而获益良多,但是,我们当中的许多人成不了创客,至少成不了数字革命中居功至伟的那一类创客。极少有人可以像苹果的联合创始人史蒂夫·沃兹尼亚克那样完成技术创新方面的壮举。尽管我们可以奋力一试,但却鲜有人有机会打造出下一个脸书。

另外一个问题在于,这些创客的工作所隶属的领域是格外容易被进步的数字技术蚕食和湮没的,而数字技术正是这些创

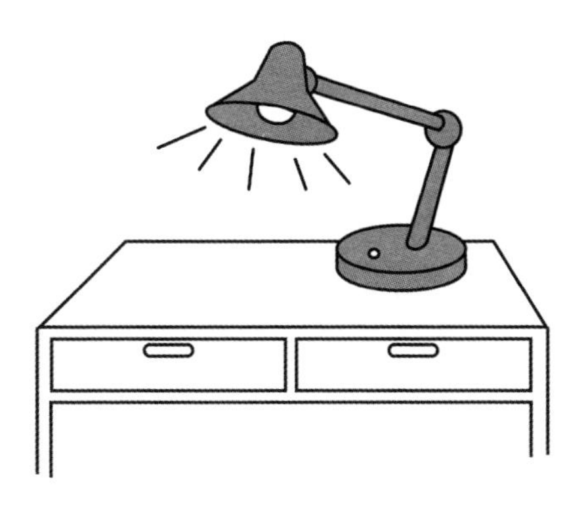

意灵感的核心焦点。当数字技术进化到可以实现自我设计时，史蒂夫·沃兹尼亚克等人的机遇便会大大减少了。

相比之下，社会-数字经济则为数字时代的人类描绘出了更广阔的图景。社会经济拥有属于自己的英雄。他们不必是任何意义上的创客。社会-数字经济中有一部分人是关系密切的生产消费者，余下的许多人则致力于满足人类需求，他们与数字技术之间关系不大，甚至可以说毫无瓜葛。对于某些人而言，分享并不意味着与赫赫有名的新兴数字经济有关，而是你烘焙了一块蛋糕并带到办公室与同事一起吃的一种行为。社会经济与如何利用技术集成包毫不相干，而正是社会-数字经济为参与到社会经济领域的人留出了一席之地。咨询师的职责在于帮助那些因数字革命带来的变化而深感苦恼的人们。咨询师既不是生产消费者，也不是创客，却是社会经济中的卓越贡献者。

社会-数字经济与全民基本收入

现在,我要将社会-数字经济与另一种理想——“全民基本收入”加以比较。许多“全民基本收入”的拥护者坦然地认为大多数人在数字时代将无业可依。他们试图将这一现象视为数字革命的典型特征,而不是弊病。如果我们确保由机器创造出的一部分财富能够被均分给无业人员,那么安德森与基恩所勾画的数字反乌托邦就不会成真。在《卫报》(*The Guardian*)的一篇文章中,科技伦理专家贾森·萨多夫斯基(Jathan Sadowski)指出,“全民基本收入”的实现需要仰仗科技社会的支持。“全民基本收入是为生活被打乱者所发放的一份安慰性奖励。财富收益将继续源源不断地聚拢到技术设计者与拥有者的手中,但此时,他们对产生的附带损害的愧疚感与抗拒都能被降到较低水平。”

关于“全民基本收入”的争论呈现出多元性。而在此处,我的着眼点很具体,即“全民基本收入”能够充分应对数字技术集成包对人类的脑力工作造成的冲击吗?这正是马丁·福特在2015年出版的《机器人的崛起:科技与无业可依的未来之患》(*Rise of the Robots*: *Technology and the Threat of a Jobless Future*)一书中所呈现的内容。福特将“全民基本收入”描绘为“无论公民有无其他收入来源,无条件支付给所有人的基本收入”。对于在数字时代无法在机器逊色于人力的领域从事相关工作的人而言,全民基本收入可以保证他们衣食无忧。但是同时，这份收入也能够令失业与无力就业的人在经济生活中扮演一种更为重要的角色。机器可以制造产品，却不能自行购买产品。如果几乎所有的人类都陷入无业导致的赤贫状态，那么，面对这些高效生产出的产品和服务，他们又该用什么来购买呢？

在福特眼中，数字时代经济模式中有一个问题迫在眉睫，而“全民基本收入”正是这个问题的化解之道。如果占全球1%的人口几乎拥有一切机器，也因而占有了几乎一切金钱，那么，人类的总需求便会出现断崖式下跌。如果几乎所有人都无力购买被生产出的产品和服务，数字经济的惊人效率也就变得无足轻重了。相较于只有占比1%或0.1%的人口占有几乎一切财富，而剩余的人都仅靠政府发放的食物券勉强度日的经济模式而言，人人都能拥有一定量金钱的经济模式所衍生的总需求量更大。经济学家早就明白，相对于富人而言，穷人的开销所占的收入比例更大。如果减税对象是穷人的话，用减税的方式来刺激经济的做法可能更见成效。“全民基本收入”令处于金字塔底层的民众有能力购买机器大量炮制出的产品，让未来的公民能够扮演重要的经济角色。如果我们过于狭隘地理解人类对经济的贡献，这类角色就很容易被忽视。

这并不意味着无业可依的“全民基本收入”领用者能做的就只有逛商场或看电视。厌倦了赚钱的超级富豪阶层大致不会选择享受无所事事的慵懒生活。他们当中的一些人会投身于有价值、有意义的事业，例如为父母因艾滋病去世的孤儿筹集善款或是为消除歧视而奋斗。我们应当区分两个概念——工作与工作体制。工作体制是当下科技发达的自由民主社会的一种显著特质。我们工作并期望从中获得相应的报酬。但是,我们所有人也从事着不求报酬的工作。如果你抽出周末的时间,为你的房屋修整栅栏,你一定不会指望有人付钱给你。但是,这项工作却与工作体制中包含的各项活动有共通之处,二者都具有许多珍贵的特质,例如使命感与挑战感等。或许,对于在数字时代提供"全民基本收入"的社会而言,工作体制已经几近销声匿迹,但这些社会中的公民还是愿意工作。仅靠领取基本收入为生的人手中没有如比尔·盖茨一般的财富资源,但他们却可实现跟比尔·盖茨一样的慈善目标。他们早上可以逛商场,肩负起自身的经济职责,帮助维持社会总需求;他们下午可以组织开展各类活动,为崇高的事业贡献自己的力量。

对于某些人而言,有偿工作仍然不失为一种选择。有了基本收入并不代表就失去了工作并赚取更多金钱的动力。许多人或许会选择终日逛商场,但其余的人还是想要享受工作赋予他们的额外购买力。"全民基本收入"也许能让你买得起一辆普通的汽车,但如果你想要一辆更贵的汽车的话,你就需要从事有偿的工作。

从不同工种中都有人力参与贡献的经济模式过渡到只有在极少数工种中还保留着人力的经济模式,这整个过程可能是混乱的。数字革命带来的技术性失业会先波及一部分行业,再延展到其他领域。无人驾驶卡车或许能先安全地运营于城际线路,但是混乱的内城中还需要出租车驾驶员驾车前行。如果出租车驾驶员也纷纷逃离自身岗位，转而选择国家为卡车驾驶员竭力留出的后路，经济就将面临一个重大打击。如果福特的观点是正确的，那么这两个工种都将面临消亡。但是，这中间需要经过一连串艰难的过渡：从两类劳动者的贡献都必不可少的经济模式发展到中间阶段——激励许多出租车驾驶员按时按点地工作，而将卡车驾驶员重新分流，让他们到商场里去花掉基本收入，购买价格公道的耐用消费品，直到实现终极目标——两种驾驶员都退出历史舞台。卡车驾驶员可以选择的无业生活不能够太过惬意，否则这将令出租车驾驶员的岗位过早地消失。

全民基本收入：应对数字时代不平等的下下之策

在此，我担心的是“全民基本收入”将会催生出大规模不平等。我们应当将引入“全民基本收入”后产生的短期效应与长远影响区分开。当一个处于21世纪初期、科技发达而富庶的社会决意为所有公民提供“全民基本收入”时，我们便会亲身经历该社会的不平等出现一次性骤然下降。但是，伴随这种一次性下降而来的很可能是形形色色的不平等形式，而这些不平等形式将会变得更为持久，也尤为难以摆脱。“全民基本收入”可能会衍生出一种两极社会。少数在强大的数字机器时代拥有受人追捧的技能的人，以及数字机器的大股东居于顶层社会。这部分成员除了拥有基本收入之外，还有薪金或是所拥有的机器产生的租金之类的进项，而其余的人则只能依靠基本收入勉强度日。

不难预测，到时，社会流动性将会一落千丈。在一个大部分脑力工作都由机器完成的社会中，今天还足以令寒门子弟拥有财富的种种品质恐怕再也无法起效了。

首先，我们来对不平等做一番了解。如果我们认为目前的不平等问题体现为有产阶级与无产阶级之间的分立，那么这种想法未免将这种不平等过于简化了。不平等问题其实更突出地表现为高产阶级与低产阶级之间的差距。当今时代，不少穷人都拥有着令曾经的富人艳羡的财产，他们有彩色电视机，可以洗热水澡，喉咙发炎了可以吃抗生素。当然，有一些穷人还在挨饿，但是在富庶的自由民主主义社会中，令人们怨声载道的更多的是穷人可获取的食物的质量。穷人不会饿死，但他们的饮食质量堪忧。在各种收入微薄的兼职工作之间奔波劳碌的父母没有选择，他们只能用垃圾食品填饱子女的肚子。

当顶层阶级与底层民众之间的财富鸿沟继续扩大时，形形色色的问题便会滋生。我们需要获取足够的金钱来养家糊口，

但除了这些基本生活需求之外,我们还有其他需求,而这些需求很大程度上取决于我们相对于其他人的社会地位。被我们判定为平等的社会模式并不是要将最富庶阶层与最赤贫阶层拉到同一个水平线上。在所谓的平等社会中,还是存在着经济较为富庶与较为窘迫的人。平等的社会模式寻求的是将贫富之间的鸿沟缩减到其与保障公民的基本需求和促进社会繁荣的需要并行不悖的程度上。

“全民基本收入”设计精妙,它能够防止底层民众饿死并通过廉价的一元店(相当于数字时代的商场)源源不断地为他们供给物品,但是,以维系需求为目的的“全民基本收入”将拉大高产阶级与低产阶级之间的差距。对于收益分配不均衡的社会而言,社会流动性显得难能可贵。我们追捧安德鲁·卡内基(Andrew Carnegie)等人的故事——某位四处打零工的外来织工的儿子,凭借自身的才华与果断声名大噪、富甲一方。然而,在一个“全民基本收入”大行其道的数字化社会中,这条可以从社会和经济地位的底层跃升至顶层的通道恐怕将不复存在。相对于威廉·卡内基(William Carnegie,安德鲁·卡内基的父亲)而言,数字时代那些享受基本收入的人的生活应该优渥得多。但是,数字时代的机器在脑力劳动领域的炉火纯青却意味着几乎没有人能够顺着安德鲁·卡内基的路子攀上社会阶梯。出身于仅靠基本收入勉强度日的阶层的人几乎不可能发现,在超级机器学习者风靡的时代,他们具有什么能够迎合市场需求的技能。一些生活在数字时代的人,例如拉里·戴维(Larry David)

和奥普拉·温弗瑞(Oprah Winfrey)会发现他们自己确实才华横溢,而这些才华是人工智能所远不可及的,因此,他们可以凭借这些才华跃升到上流社会。但是,对于期望凭借辛勤劳作获得资本的人而言,通过吃苦耐劳来获取财富的路径恐怕就要变得异常狭窄了。大多数无业人士仰赖基本收入生活,这些基本收入的确可以在相当程度上满足他们吃饭、穿衣及休闲娱乐的需要,却远远不足以使他们在数字经济中获取大份额的股权。

在自由主义社会中,数字技术的进步还将威胁到教育在促进社会流动性方面的积极作用。随着机器学习者逐渐占领穷人的孩子可能施展才华的活动领域,这些孩子得以施展才华的路径必定会变得异常狭窄。我们将会最终接受并承认社会地位是代代承袭的,而其中重要的并不是与某些优秀品质相关的基因的承袭。一旦人们意识到比起继承到的股权而言,宣称拥有吃苦耐劳或是商业嗅觉敏锐之类的品质都已经变得毫无意义,他们便不再注重这些品质了。到时,我们便又退回到了坐享其成型的吃息社会,在这种社会中,我们做了什么并不重要,重要的是我们继承了什么。在马克思主义的分析中,"吃息阶层"被定义为持有相当数量可以产生利润的财产份额的阶级。这一阶级的成员无须为社会做贡献。这些人对持股企业的任何经营活动都漠不关心,他们唯一在意的是这些企业生成的月度支票。

在无业可依的数字时代,通过加入劳动大军来改善生存境况的方式将变得遥不可及。现在,自觉受到不公正对待的劳动者可以扬言罢工。如果富庶的纽约人还想继续喝到加了豆奶的咖啡,他们就得向制作咖啡的人支付足额的酬劳。他们希望扮演此类角色的人能够享受到优厚的待遇,以便激励这些人长期地安心工作。如果制作豆奶咖啡的人认为薪酬和条件有所欠缺,他们大可以扬言罢工。然而,在工作已然消亡的未来社会,如果这类工作都是由“任劳任怨”的数字机器完成的,那么这种历史上的重要诉求手段便不复存在了。高产阶级在啜饮由机器调制的咖啡时,恐怕是不会抽出时间来阅读《大志》(*The Big Issue*)杂志上渲染基本收入配享者处境艰难的社论的。

那么,福特所描述的重要经济角色——消费者的角色又会如何呢?在福特对数字时代的构想中,如果无业阶层停止了购买行为,整个时代的经济都将土崩瓦解。在福特描绘的数字时代中,无业阶层可以通过选择购买何种基本生活物品来对经济产生深远的影响。早餐谷物食品的制造商会斥巨资宣传他们的品牌,以吸引无业阶层来购买他们的食品。但是,这些仅凭基本收入勉强度日的人如果想通过选择消费何种商品来完成更为根本的诉求或者改变自身现状,那这种可能性就微乎其微了。扬言中止消费的经济服务行为无异于叫嚣着要绝食而亡,因而,这种做法的可信度不高。我们依稀还记得,人们选择通过自我牺牲来控诉与反对越南战争,但是,具备这种抗争手段所需要的坚定意志与决心的人却寥寥无几。在数字时代,这种想要发泄你对自己永久沉沦于消费阶层的不满的方式,似乎只是一种自我限制的手段。

处于社会底层的民众或许拥有合法的诉求途径。比如,试想一下比利时的哲学家菲利普·范帕里斯(Phillipe Van Parijs)的提议。他认为,基本收入的标准应当设定为社会所能承受的上限。范帕里斯从全心全意打造社会最大化“真正自由”的角度来阐述设定这一上限的合理性。根据他的观点,你所享有的“真正自由”的等级是通过你能履行的职责来设定的。简单来说就是,如果A能做的事情比B多,那么A所享有的“真正自由”的等级就高于B。“真正自由”受到禁止某些行径的法律条款的限制,但同时也受限于履行某些职责所需资源的匮乏。开一辆较贵的车是合法的,但贫穷却剥夺了你购买一辆较贵的车的自由,贫穷跟法律禁令的功效别无二致。你大概会为自己没有生活在这样的社会中而感到无比欣慰吧。范帕里斯力证,我们应当竭力争取将自由水平极低的社会成员所享受的“真正自由”升到极高水平。

这是一条很棒的哲学提议。但是,在机器完成大量工作的社会中,这种理想的实现将面临重重阻碍。目前,赤贫阶层尚能够以中止出卖劳力的方式相要挟,以帮助他们实现要求改善待遇的诉求。在赤贫阶层无业可依的数字时代,这些赤贫者一定期望有足够多的社会经济条件优越于他们的人能够花时间了解范帕里斯的观点并为这些观点感到折服。这条道德弧线延伸得很长,在这些文明雅正的观点能够对富庶阶层产生赤贫阶层梦寐以求的效用之前,赤贫阶层可能还要等待很长一段时间。

是否要拓展基本收入?

如果我们所设想的基本收入只限于购买一些相对基本的产品,那么我们或许就错了。如果我们希望让一元店库存充实是为了维持消费,那为什么不依葫芦画瓢,让千元店也琳琅满目呢?

目前,某些关于"全民基本收入"的试行模式已经存在,但所涉及的都是一些金额较小的款项。加拿大哲学家马克·沃克(Mark Walker)近期在为维护"全民基本收入"而辩时提出了一个足以满足美国人基本生活需求的具体数字——每年1万美金。他断言,对于美国经济的营收能力而言,只要就相对次要的开支(例如军费)进行适当削减,便可轻松支付这笔钱。沃克坦言,每年1万美金大概只够满足简朴的吃穿用度需求。但是,如果我们在意的是数字时代的宏图远景,那么就不能只考量"全民基本收入"制度在推行之初所呈现的形式,同时也要思虑它未来的样子。从同样的经济角度的论证思路出发,目前为了维持节俭生活而试推行的"全民基本收入"制度是否可能增加并覆盖更加昂贵的产品呢?如果自由货币能够有效地刺激生产,制造出成本低廉的普通汽车,那么为什么不能将同一种思路套用在豪车上呢?技术进步将为这一设想的实现推波助澜。对技术发展持乐观态度的作家拜伦·里斯(Byron Reece)激情洋溢地渲染了制造业的进步,认为这些进步未来能让一台豪车的造价降至区区 50 美元。

我认为,要让基本收入的覆盖范围超出颇为有限的基本产品列表,这恐怕难以实现。这是因为富人所购买的产品之所以受到他们的青睐,从某种程度上来说正是由于这些产品是经济状况不济的人无法购买的。可能没有人愿意买 50 美元一辆的豪车。豪车属于奢侈品,人们对于豪车的需求与对普通汽车的需求大相径庭。我们如果对普通汽车以及豪车进行客观测评,就会发现其实两种车之间的差别微乎其微。两种车都能安全、高效地将乘客从 A 点运载至 B 点。既然普通汽车与豪车在功能上不分伯仲,那么显然后者的附加价值主要源于它是社会地位的象征,而之所以能够成为这一象征凭借的就是其无法实现人手一辆的事实。一辆 50 美元的豪车无法像 10 万美元的豪车一样彰显出所有者优越的社会地位。固然,豪车拥有平价车所缺失的一些性能，但是在车主眼中，豪车的主要价值在于能够彰显自己的成功。如果你考虑购买一辆50美元的豪车，那么为什么不花20美元买辆基本性能与50美元的豪车相差无几的普通汽车呢？反正拥有这两种车都无法彰显你成功跻身社会精英阶层的荣耀。

如果富人专享的产品类别仅限于那些彰显优越社会地位的物品的话，那倒也无伤大雅。穷人买普通汽车，有钱人买豪车；穷人用普通手机，有钱人用镀金版的手机。但是，穷人和有钱人都能造访同样的地点并体验同样的智能手机性能。有一些富人专供的产品的门类很可能外沿更广，不单包括纯粹用于昭示显赫社会地位的产品，还涵盖了新型的医疗技术与教育资源——那些不仅提高社会地位，而且对于生活质量的优劣有实质性影响的技术和资源。那些人要么拥有可以完成脑力工作的机器，要么从事着机器无力胜任的工作，他们希望相信，自己所获得的不仅仅是那些无业可依人士也能够享受的技术的高配版本。他们会坚称，除了凸显成功之外，这些技术还对他们的生活有着举足轻重的影响力。他们希望通过科技让自己青春永驻，让自己的孩子出类拔萃。

从福特的构想中脱胎而出的数字未来将是一个人类群体分类泾渭分明的未来——包含只拿基本收入的人，除了基本收入之外还能在自动化高度发达的未来社会通过施展某种技能而获得相应酬劳的人，以及拥有大份额机器股权的人，而三类人之间的差别是巨大的。我预言，高产阶级将对如何将自己与低产阶级区分开来兴致勃勃。那些只拿基本收入的人要负责逛商场，但是他们的购买范围很可能仅限于低端货架上的产品，而高产阶级对于这些产品却嗤之以鼻。就算高产阶级现身于底层民众光顾的商场，他们也很可能会坚持去私人贵宾室，在那里，他们能买到的是限量版的产品，而这些专属产品则能够使高产阶级的生活与低产阶级的生活有天壤之别。

结语

在本章中，我探讨了为数字时代架设理想所需要具备的条件。理想不等同于预言。数字时代的美妙理想对于未来要生存其中的人类而言，不仅具有吸引力，而且是可以实现的。我们必须以一种不确定的态度来实现理想。理想是否能够成真取决于我们的行动。如果我们将理想视为数字技术进步的必然结果，那么人类纵享社会-数字经济福利的可能性便会减小。随后，我将社会-数字经济与另外两种同样令人心驰神往的数字时代理想相比较。里夫金的“协作共同体”理论认为人们运用数字技术共享并创造价值，但这种理论似乎过于具体地聚焦于数字技术的运用从而无力勾画数字时代的总体蓝图。一些人热衷于与他人联手，打造惠及大众的新型数字产品，而余下的人则缺乏这些技能，同时也志不在此，所以这些热衷于与他人联手的人将在广阔的社会经济中觅得一席之地。“全民基本收入”理念则昭示着社会的不平等将会实现一次性的骤然下降。但随之而来的其他各种不平等也将乘虚而入，而这些不平等终将成为社会的顽疾，尤难被治愈。我们会领悟到，在机器完成大量脑力工作的社会，社会流动性将会很低。在数字时代，领取基本收入的无业者将无法享有职业能赋予他们的巨大红利。

第八章

数字时代的新卢德运动

我们如果呼吁要谨慎应用数字技术,就会被指控为“卢德分子”(Luddite)。这一骂名源于内德·卢德(Ned Ludd)——18世纪末期一名捣毁机器的纺织学徒,而这一举动也让他成了在技术快速发展的时代,担忧自己工作前景的劳动者的代名词。历史的教训是赤裸裸的。你可以尽情哀恸,却阻止不了历史的车轮前进。前缀“neo-”(新的)重构了这一称谓在数字时代的新版本。卢德分子阻挡不了工业革命的到来,新卢德分子也无法阻挡数字革命的到来。

但一些历史学家却对卢德分子投以同情的目光。在他们眼中,卢德分子并不是无力阻挡工业革命的大潮来袭的闭目塞听的幻想家,他们是想与建造工厂、安装动力织布机的资本家更公平地分享技术进步所带来的红利,而他们应得的份额显然要高于资本家当初给定的价码。我们可以将卢德运动放到形形色色的工人抗议活动之中来看,这些活动最终带来的是对工人及其权益的保护。因此,我所设定的目标必然不是要阻挡数字革命大潮的侵袭,而是要对它的呈现形式加以影响。我们现在所做的决策乃是为数字时代的到来奋力开创先河。

我意非怂恿大家拿着镐头冲到亚马逊公司的任意一家海量数据中心,而是号召大家采用更为文明的方式——利用市场激励机制来完成数字时代的新卢德运动。我们已经见证过脸书如何利用“任意物品10亿倍”原理大肆营利。但是,对于被认为不公平营利的脸书公司而言,即便是公众热情的轻微降温都将显著地影响它的收益,这些变化都会引发脸书的关注。因此,我们可以将自己对于脸书、谷歌等企业的不满以能震慑到它们的方式表达出来,并向实现真正意义上的社会经济一步步迈进。我们可以投身于各种抗议活动以推动更为人性化的数字时代的到来:让纳入机器拥有者囊中的经济收益份额能够减小一些,他们能够得到的份额虽然会小一些,但是价值仍然不菲。

看透数字晕轮效应

对于在科技企业大舞台上某些主角所呈现的晕轮效应,我们必须采取一些措施了。在我们眼中,这些大型的科技公司与其他企业巨头并不一样。长期以来,我们早已领教过石油与天然气跨国公司旨在积累财富的各种道德探底行径,却往往会认为科技企业领域的部分掌舵者之所以能成为亿万富翁,靠的只不过是机缘巧合罢了。科技先锋信誓旦旦地宣称,他们的目的是“让世界更美好”,这一宣言在美国HBO电视网播出的喜剧《硅谷》(*Silicon Valley*)中受尽了嘲弄。2017年2月,马克·扎克伯格发表了一篇致脸书社区的长文,这篇长文名为《建立全球社区》,其篇幅超过了5700字。这篇长文很快就被戏称为“扎克伯格宣言”。在文中,扎克伯格告诉我们“脸书致力于拉近人类彼此间的距离并创建一个全球社区”。他将脸书的道德使命描绘为“我们脸书最重要的职责在于发展社交基础设施,让人们有能力创建令全人类都能受益的全球社区”。爱彼迎积聚的市场价值很快便超过了传统的酒店业巨头凯悦(Hyatt)、万豪(Marriott)与希尔顿(Hilton)。但是,这一点并不影响爱彼迎的业内人士抒发自己的抱负,他们希望自己有朝一日能因为“帮助促进跨文化理解与交流”而斩获诺贝尔和平奖。我们认定,一些不善言辞的数字经济时代的亿万富翁具有良好的道德情操和创造美好事物的无私热忱。史蒂夫·乔布斯遭人诟病,被人认为不热衷于慈善。但数字晕轮效应能让他从容过关。乔布斯神话将他渲染为数字时代的米开朗琪罗,而苹果手机则是他的“大卫”(米开朗琪罗的代表作是《大卫》)。乔布斯倾尽心血追求的是精妙的设计,而不是金钱。创造美妙的产品是他用以“在宇宙中留下印记”的方式。

我们究竟应当如何解读这些标榜道德与美学夙愿的宣言呢？与道德宣言相伴而来的是隐含成本。道德宣言表明发声者愿意承受在达成目的的过程中所产生的成本。祈愿全世界再无一人忍饥挨饿并不难，但只有当你心甘情愿为营造没有饥荒的世界而有所作为的时候，对你而言，这才能算得上是一个道德目标。还有一种可能性是这些科技巨擘的运作方式能让米尔顿·弗里德曼为之击掌叫好，他们用道德语言来掩饰其真正的意图，即股东利益最大化。

如果我们想要检测这些科技巨擘所谓的致力于实现“让世界更美好”的目标是真是假，一块上佳的“试金石”就是仔细观察当他们创造美好世界的目标与敛财的目标发生冲突时，他们会做何选择。扎克伯格的宣言承认了在临近2016年美国大选时，脸书遭受了虚假新闻的冲击。虚假新闻攻占了脸书的许多新闻推送端。但是，无论脸书用户读到的关于国际难民危机严重性的报道是否准确，或是教皇弗朗西斯一世(Pope Francis)公开支持唐纳德·特朗普(Donald Trump)竞选总统的报道是真是假，它们都不会影响脸书从其精准投放的广告中敛财。如果赚钱的欲望特别强烈，那么，我们预计脸书将不会采用任何可能降低用户参与度的手段。如果过于放任会招致怨言并威胁到政府法令的施行，那么，弗里德曼的以道德套话来掩饰冷漠的策略便派上用场了。脸书用于实现其所鼓吹的道德使命与敛财目的的一大颇为重要的手段就是避税。一篇发表于美国《观察者》(*Observer*)杂志的关于扎克伯格宣言的社论指出，脸书的道德套话与实际行动并不一致：“正如其他的企业巨头一般，脸书已然竭尽所能地将其税务清单降至最低，其所支付的税金只是它从社会获取而理应回馈于社会的巨大收益的冰山一角，而这种行径破坏的正是扎克伯格意图打造的社交基础设施。”敛财的动机似乎能够解释科技巨擘们的大部分行径。偶然发现用于销售书籍的平台也可以用于销售其他物品的亚马逊掌门人杰夫·贝索斯起初也并不是一位书痴，他并没有梦想着用新的方式将阅读的快乐散播出去。贝索斯对待书籍就如同埃克森美孚石油公司(Exxon Mobil)对待石油一般——那是一种商品。如果贝索斯当初能预料到采用水力压裂法提取石油能获取的利润高于打折兜售列夫·托尔斯泰的小说《安娜·卡列尼娜》，那么，他可能也会选择去开采石油。

这不是对资本主义的批判。资本主义社会需要以为股东赚钱为主要目的的企业。但重要的是，我们必须知道，当资本家说想让世界变得更美好时，他们不过就是在混淆视听，让我们忽略他们牟利的真正意图。世界上的一些机构组织，例如，联合国以及政府间气候变化专门委员会，才称得上真正心怀“让世界变得更美好”的愿景。你或许会质疑联合国或政府间气候变化委员会造福世界的成效，但如果我们需要能够促进人类道德利益的机构的话，这些组织才是明智之选，而不是那些只有在道德利益与金钱利益最大化的举措互不冲突的前提下才会追求道德利益的科技公司。当这些科技巨擘效仿比尔·盖茨，走马上任，成为慈善基金会的主席时，我们或许才能相信他们说的话。比尔及梅琳达·盖茨基金会(Bill & Melinda Gates Foundation)在缓解全球贫困方面的拳拳诚意，是微软始终无力超越的。

因此，我们应该及时地对数字经济的领军者的动机进行重新评估,这一点十分必要。随着机器学习所涵盖领域不断地扩大,我们应该会看到这些手握海量数据的公司所获取的利润也将大幅增长。谷歌与脸书就像是在内燃机实现商业化之前的标准石油公司(Standard Oil)一样。如果你认为亚马逊、苹果、谷歌和脸书现在都算得上是财力雄厚的公司,那么,当它们开始将“触角”伸进罗伯特·戈登所定义的一些领域,即深受第二次工业革命的影响,但截至目前,数字革命的力量却尚未产生根本性影响的产业,例如食品、服装、住宅、交通、健康、医药与工作环境等时,你就该选择重新评估这些公司了。那么现在,时机已经到了。我们是时候对这些公司采取种种以民主为准绳的干预手段了,就如同20世纪初人们为让标准石油公司解体所做的那样。在谷歌、脸书等公司将民主制度清扫到历史的“垃圾桶”中之前,我们必须先发制人。

我们不能觉得让苹果与谷歌照章纳税就仿佛是在杀鸡取卵,并为此感到惴惴不安。当苏联解体,其原成员国踉踉跄跄地向着资本主义自由市场进发时,俄罗斯的商业寡头利用与苏联自然能源挂钩的地利之便赚得盆满钵满。佩奇、布林、贝索斯、扎克伯格等人也发现自己与数字技术集成包所衍生的财富之间存在着相似而奇妙的关系。记者阿曼达·谢弗(Amanda Schaffer)写下了“伟人”神话之于我们对数字革命的认知所产生的影响。她写道:“我们不应当对科技领袖顶礼膜拜,而是要将他们的成功置于大背景中加以考量,并且承认政府所扮演的角色不仅仅是基础科学的支持者,同样还是新型创业公司的合作伙伴。"当今的科技巨擘都是非常聪明和有天赋的人。但是,他们并不是不可取代的。如果我们要求他们照章纳税,或许他们会闷闷不乐,但不会选择拿上各自的玩具回家去。

我们同时也要意识到,频繁地使用"科技亿万富翁"一词来形容那些在我们看来推动了数字经济发展的人,从某种程度上来说,其实是将数字技术集成包所衍生的财富分配极度失衡的现象粉饰为正常现象。数字技术集成包从来没有规定科技公司的创始人与早期投资者要不断晋升直至成为亿万富翁,也没有规定让我们余下这些人掌握的技能慢慢贬值。我们展望中的数字时代会存在一些由极其富有的男性及女性领导的大型科技公司,但是关于何谓"巨大的财富",我们可以回顾一种复古的观点——脸书和谷歌的创始人仅仅有资格成为百万富翁,却不是亿万富翁。"科技百万富翁"拥有数百万美元的身家,他们有足够的金钱在黄金城区买大厦、在乡村地段买别墅,有能力买头等舱机票去观看任意一场网球大满贯锦标赛,但是,他们没有足够的金钱与美国国家航空航天局在太空探索领域相抗衡。对于全人类的未来而言,这幅图景看似颇为魔幻,但使之荒诞魔幻的并不是数字技术集成包所蕴含的某些无可辩驳的内在逻辑,而是我们所有人不愿任何一方打乱我们现有的社会模式与经济模式的决心。

科技上,千万别痴迷于所谓的"别无选择"

TINA 是一个首字母缩略词,其全称是"there is no

alternative"(别无选择)。这是20世纪80年代英国保守党首相玛格丽特·撒切尔(Margaret Thatcher)提出的一句口号,意为"抗拒市场的指令是徒劳无功的"。我们或许希望铁路的运营能够契合社会优先事项,继续为偏远地区的群体提供服务,但是,我们无力抵抗市场的指令,是市场在决定是否要服务于这些群体及如何服务于它们。

TINA一词道出了世界是如何运转的这一假想对我们人类整体考虑其他选择的强大影响。一旦你决定从市场的角度去考量政策,那么便会一叶障目,很容易忽略掉一些可能性。你如果想要看到这些可能性,就要敢于质疑在心理层面根深蒂固的各种假想。正如撒切尔夫人在经济领域所信仰的"别无选择"一样,科技领域的TINA同样会局限我们考虑其他选择的思路。在科技领域的TINA面前,一些本可以选择的事物成了科技进步势不可挡的必然产物。我们希望这些必然之物晚些到来,但是这样一来我们便处于劣势,不能尽享科技进步带来的各色福利。

科技领域的TINA在引导我们纯粹从效率的角度来衡量人类完成的工作。人类必须以更低廉的成本生产出数量更多的产品,才有资格被认为在效率上高于机器。但我已经说过,这种观点忽略了人类工作者一些最为重要的贡献。当我们与人类工作者互动时,跟我们互动的是与我们相仿,具有思维能力的生命体。我们不必非要认为这种互动的过程比结果——食物已配送完成,药品已配发完毕要重要,配送的食物数量和分发的药品数量或许是最重要的。但是，我们仍然可以认为人类贡献了某些值得留存的东西——独一无二的脑力劳动。

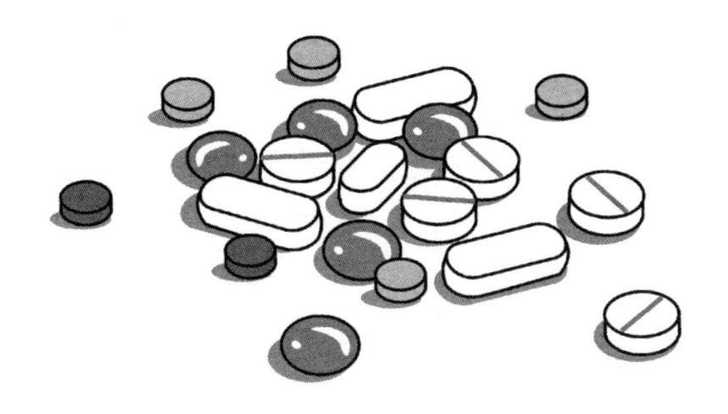

我们应当提防那些将财富的不平等视为数字技术集成包带来的既定结果的言论。工业技术集成包抛出的备选项就包括美国镀金时代的道路、20 世纪 30 年代苏联的道路以及 20 世纪 70 年代瑞典的社会民主主义道路，而我们现在所做的决定也能开创先河。我们可以想象到，因斯大林强制推行集体化与工业化模式而深受迫害的乌克兰人在第二次工业革命浪潮中接受了科技领域的 TINA 的说法，而这表示乌克兰人遭遇的痛苦和磨难虽然可悲可叹，却是工业化过程中必须要付出的一部分代价。但是，事实并非如此。

抵制科技领域的 TINA 的一种方式就是在一切可能的情况下，坚持与效率相对低的人类打交道。在当下的经济紧缩时期，各大企业都在裁员，但我坚持认为，这种做法忽视了人类社交贡献的价值。我们可以通过各种各样的方式释放出市场信号，表示在人类所生产的社会经济产品的价值得到合理评估的前提下，我们喜欢与人互动。如果你正在拨打某个公司的热线服务电话,希望该公司就其出产的瑕疵品给出解决方案,你会不断地在电话上按“0”以求接通人工服务。当你竭力寻找人类雇员时,你可未必是想跟他们约会。人类是具有内在固有的群居属性的物种,我们享受在与他人的互动中获取的愉悦感,哪怕这种愉悦感稍纵即逝。我们会选择由人类担任的超市收银员。在2018年,没有人会梦想成为超市收银员。但是,这个工种现有的模式可能被更优越的社交增强的模式所取代。美国著名演员哈里森·福特(Harrison Ford)就因能将自己的人性注入电影之中而获得了丰厚的报酬。我们买票观看他的影片,便是承认了人性的价值所在。经过社会型改良方案修整后的超市收银员也应当同样有望通过他们呈现的社交技能而获得高回报,而接受社交增强版超市收银员服务的顾客也应当以略高一些的价格来购买商品。

社交增强的销售员必将在数字时代的社会经济中大放异彩。一位社交增强的销售员能够根据一手及二手的货物购买经验,帮助消费者挑选出适合他们的商品。在餐饮行业,我们就已经看到了这种分野——当人们选择光临快餐厅时,他们主要是出于效率的考量。他们需要的是平价的熟食。但当他们去的是可以坐着用餐的餐厅时,他们心里很清楚,自己付钱购买的还包括餐饮服务人员所提供的社交服务。

也许有人会安抚被无人超市裁掉的超市收银员——数字革命将会催生与他们的道德地位更相称的工作。或许情况是这样的吧。我们很难预测数字革命究竟会造就哪些工作。但是,与此同时，我们应当接受这样一个现实：超市收银员选择接受这份工作意味着，对于人类而言，这样的工作聊胜于无。超市收银员与公司律师、学术哲学家一样，也会畅想，相对目前的职业而言，还有哪些工作是他们更向往的。当你选择到人工收银台买单时，你并不是在辱没超市收银员。

如果可以欺骗算法，何乐而不为？

我们已经见证了机器学习者给人类脑力工作带来的挑战。如果你的工作是在超声影像中辨别恶性肿瘤的话，那么，你的工作前景可能就很黯淡了。我们预计机器学习者将能够以更低的成本更精确地完成你所从事的工作。在这些与机器学习者对抗的竞争中，人类毫无胜算。其他令人类深受考验的竞争并非与机器学习者对阵，而是与拥有这些机器并通过运营机器营利的人相抗衡。你的思维能力可能无法超越机器，但你也许能比机器的主人略胜一筹。

在我们的社会向数字时代转型的过程中，真正苦不堪言的似乎是年轻一辈。人人都告诫他们，不要妄想自己能够像父辈母辈一样轻松地找到工作并享受优渥的员工福利。但是，年轻人可以利用他们对数字技术集成包的出众领悟力来应对代际的不公平。他们不必非要想着去战胜机器，而只要超越前辈——那些对数字技术实现压倒性控制并从中攫取绝大部分财富的人即可。

如果父母要禁止子女开启酒橱,他们就会用锁将酒橱锁住。孩子对锁头运行机制的了解很难超过父母。但是,正如玛丽·艾肯(Mary Aiken)指出的那样,年轻人对互联网的理解强于他们的父母。老一辈人通过制定法律来维护自身对于数字技术集成包所产生财富的所有权,但两辈人在对科技理解上的差距也限制了他们的行为。在这一领域,年轻人要更具优势。年轻人是数字原住民,他们能够以令老一辈望尘莫及的方式来利用数字技术集成包。对于如何善用上辈人设置的规则中的漏洞,他们显得信心百倍。

规则制定者对于数字技术集成包未来潜力何在的不确定性意味着年轻一辈经常能够抓到漏洞——那些规则制定者如果拥有丰富的想象力,他们可能会禁止这些行为。其中一个例子就是纳普斯特(Napster)公司实现的点对点文件共享技术。假设你想要发送有版权的材料,你是不能把这些材料储存到中心服务器上的。负责维护法律承认的版权所有者权益的律师会将服务器作为他们所针对的目标。但是,点对点文件共享技术不需要通过中心服务器来存储被盗版的材料。盗版材料存在于许多通过文件分享软件相连接的电脑中。

固然,欺骗他人会让我们深感内疚。如果一位人类销售员忘了向你收取某种产品的钱,那么,你提醒他注意自己的疏忽,这便在情理之中。因为如果他为你提供了服务而你却没有付钱,你将会体验到对方心中感知到的那种背叛感。但是,当一个编码质量堪忧的公司网页可能让你以某些意想不到的方式获益时,那为什么不让他们为遣散人类员工而付出代价呢?人类的道德规范不适用于与机器打交道的情况。

诚然,站在算法背后的人,就如同忘了向你收费的人类销售员一样,也会因同样的境况而遭受损失。但是,米尔顿·弗里德曼坚称,企业对于利润的追求应当遵循"社会基本法则,无论那是以法律形式还是以伦理规约形式来呈现的"。电脑算法的编码者一心追求的或许只是遵守法律条款。那么,承受不公正待遇的精通技术的年轻人也理应如此。我们要明白,当新型的技术集成包问世时,对于法律和其他的"社会基本法则"该如何用于规范技术集成包衍生财富的新方式,人们都还茫然无绪。因此,当这些精通技术的年轻人发现了可以获取各企业声称享有专有权益的内容的新方法时,各大企业似乎也只能借助法律来挽回损失。

可以为乐施会免费工作,但脸书必须付酬

在第三章中,我详细介绍了雅龙·拉尼尔所提倡的引入小额酬劳的设想。我认为,我们对于数字技术集成包的漫无头绪将使这一设想难以实现。如今的科技公司从各种行为方式中获利,而在数字革命到来之前,这些行为方式根本就无利可图。当蜚比(Fitbit)公司让你从两个无伤大雅的选项——“我觉得这篇文章有用”和“我觉得这篇文章没用”——当中任选其一时,你要意识到,这种做法与一位人类电话销售员问你“您那边天气如何?”的寒暄是截然不同的。这句寒暄是出于对新西兰惠灵顿的天气的好奇,虽然这种好奇转瞬即逝。但蜚比公司的选择题则完全与好奇心无关。蜚比公司是在收集数据。对人类电话销售员的寒暄充耳不闻是没有礼貌的表现,但是,无视蜚比公司的问询则是合情合理的。蜚比公司想要利用你的回答制造出更适合你的商品。但是,蜚比公司认为你应该按这些改良所具有的市场价值支付相应的费用。科技巨擘利用人们会条件反射地给出它们所询问信息的天性来牟取巨额利润。如果你愿意回答,那就回答吧。但是,正如我们在觉得不需要时就会倾向于将自动售油公司免费赠送的汽油返还给它们一样,当我们将自己的“数据尾气”排放给科技公司时,我们很难意识到自己为科技公司所贡献的经济价值。拉尼尔认为,我们应该对网络进行重新设计,以满足推行全民小额酬劳系统的需要。但是,我们首先需要改

变自己——抑制自己对允许我们在数字田地中耕耘的“数字地主”怀有的感激之情。当我们从个体角度进行考量时，小额酬劳只是零头，但这些钱可以积累。我们可以将脸书的“任意物品 10 亿倍”原理化为己用，积少成多。“任意物品 1000 倍”或许就足以用于支付房租。如果我们将线上贡献视为开源的手段之一，我们就会有动力提升线上贡献的质量。我们可以努力尝试调整自身的心理与情感，以便更加适应数字技术集成包的发展。

密切关注数字技术集成包的发展能够让我们将那些内部阴谋论者的注意力从各种登月阴谋论中引开，转而聚焦于科技公司为使我们与属于我们的数据分离所使用的手腕。在科技公司提供的服务中，存在着对用户很不友好的格式条款，对于这一点，已经有不少人在大书特书了。为什么在明明知道大多数人根本就没有读过相关条款的情况下，科技公司仍一再地让我们确认，为了获得他们所提供的服务，我们已经将这些条款阅读完毕了呢？这些文字所构成的屏障在向所有对苹果所提供的服务感兴趣的人挥手致意，而这些文字的设计初衷并不是要让客户阅读并理解的。这些令人不明就里的法律术语来自一家以信息提供方式对用户极为友好而著称的公司。当医生想从患者那里获得对于某些医疗程序的认可时，他们会力图让患者明白签署同意书所产生的后果，也会竭力让患者知晓治疗的成功率以及万一治疗失败可能会出现的后果。他们可能不会给患者看用密密麻麻的小号字体印刷出来的文件，然后要求患者在虚线处签名或是按下手印，表示“我同意”文件中的条款。想象一下，如果苹果公司能把帮助客户顺利找到适合自身音乐的聪明才智也用于帮助客户理解所有的合同条款上,这又会是怎样一番情景呢?

千万别等到最后一役

有一句名言说,将军总是在最后一役中拼杀。法国在1929—1938年苦心建造了马其诺防线,如果其对抗的德军还在用1914年第一次世界大战时所使用的战略战术,这条防线或许能显奇效,但对于1940年第二次世界大战中灵活度极高的德军而言,它却不堪一击。

我们不能掉入陷阱之中,认为能够修筑一条"马其诺防线"来对抗数字革命中出现的种种不公平现象。如果我们还在用专门应对工业时代不公平问题的策略来对抗数字革命中的不公平之处,那么我们可能就错了。对于如何应付工业时代将工人们集中到同一地点劳动的工厂,工会早已驾轻就熟。工人们可以在工作场地内建立组织,并在工厂大门外面设置纠察线。但是,在应对数字技术集成包所衍生的特有的不公平问题时,工会就无力应对了。

想想优步的例子吧。对于优步的一些功绩,我们应当心存感激。它降低了我们的乘车费用并促进了灵活就业形式的发展。但是,我们还是不能否认,优步也让我们感到愤愤不平。它似乎在以有失公允的方式分配其所衍生出的财富。优步的做法对在我们脑海中根深蒂固的公平分配理念产生了冲击。

2018 年,优步的估值达到了 720 亿美元,这一点对于其投资者而言自然是可喜可贺的。但是,对于优步驾驶员来说,优步更喜欢称呼他们为“合伙人”,这可就没有那么值得高兴了。投资优步或许是获取巨额财富的一种方式,但成为它的“合伙人”可不是。优步收取乘客所付车费的 20%,并让驾驶员独自承担与业务相关的开支。

我认为,从数字革命中我们可以学到,想要挑战优步收取乘客部分车费的行为以及其不愿为驾驶员提供传统员工保障的做法,有些方式或许在成功率上更有保障。那些认为优步亏待其“合伙人”的人所提出的建议如若能够与数字技术集成包保持步调一致,而不是一味坚持去复兴工业革命时代的科学技术集成包所倡导的公平分配理念,这将会事半功倍。关于如何竭力反转数字网络的力量以制衡优步,以下是我的拙见。

在第七章中,我区分了理想与预言之间的差别。我们可以预言,理想尤其难以实现,但它值得我们大张旗鼓地推进。我认为,在气候变化一事上,即便是全人类采取有意义的集体行动,胜算可能也仍旧极小。但是,我依然觉得实现低碳经济这一理想足够重要,它值得我们为之奋斗,尽管对于这一理想的实现,我的态度并不乐观。下面我要为“劳动者平台”简单地申辩几句,尽管我的想法还远远无法被当作一种计划。我要为如何实施一项计划提几条建议,但我绝无意借所说的一切引导自满的乐观心态,让人们觉得在强大的数字平台业务中处于弱势的“合伙人”的未来前景是一片光明的。一些人或许会认为我所描绘的理想令人神往。如果事实如此,那么他们的面前便摆着许多需要由他们完成的工作。

优步教会我们的一件事是,如果一个设计优越的平台闯入了你所在的行业,而你想以个人的形式与之抗衡的话,情况恐怕并不乐观。平台将抽走在其辅助下衍生出的几乎全部附加财富。罗伯特·赖克(Robert Reich)在谈及我们正在“飞速行进”的经济时说道:“所谓的‘共享’经济只是一种委婉的说法。它更准确的称谓应当是‘共享碎片经济’(share-the-scraps economy)。”而其中一个问题在于历史上保障劳动者权益的最重要组织——工会,在大肆利用数字技术集成包的优步面前被打得措手不及。工会是工业革命时代的遗留产物,是专为厂房车间量身定制的,而平台企业则需要使用崭新的方式来组织劳动者。终身制工作的概念在劳动者心目中正慢慢淡化。他们投身的是零工经济,这种经济的特征在于许多职位都是临时性的,而劳动者充当的是合同工的角色。参与零工经济的劳动者可能早上为优步开车,中午给任务兔子(TaskRabbit,一个发布和认领任务的平台)送货,而到了晚上却会装修一间空房,到爱彼迎上揽租。零工经济需要的是专门为对抗业务平台量身打造且本身就有业务平台的关键特征的“劳动者平台”。优步的真身只是一个网站和一款应用程序,而这便是一个共享出行劳动者平台的源头。随着用户网络的不断拓展,优步的利润也在上涨。当劳动者平台的网络声势也日渐壮大时,它也就有了谈判的能力。

业务平台的准入门槛很低。在优步上进行注册,步骤简单

且完全免费。这也是优步成功的一大关键因素。《纽约时报》想让每位用户为访问它珍贵的新闻资源付费，其设置收费墙的做法惹出了无数争议，而优步则不然，用户可以免费利用它珍贵的网络资源。优步希望自己的这款应用程序能够出现在你的手机上，哪怕是零星费用它都不敢收取。共享出行劳动者平台可以效仿优步的做法，而且不收取会费。就如许多业务平台一样，劳动者平台就从网页起步，广纳会员。如果劳动者平台想要制衡的业务平台是国际性的，那么劳动者平台的会员制也应当实现国际化，而不应该从某个具体的城市发端，然后指望星火燎原。优步网络也覆盖了摩洛哥的拉巴特、美国的里诺、沙特阿拉伯的利雅得和意大利的罗马等，因此，想要制衡优步的劳动者平台也应当同样要能被身处这些地区的驾驶员所利用。身处拉巴特、里诺、利雅得和罗马的驾驶员或许存在各种差异，但只要他们是优步的“合伙人”，他们关心的就都是乘客所支付的车费中会有多少钱汇入他们的囊中。

业务平台企业的日常管理费用较为低廉，劳动者平台也应该如此。他们可以在众筹网站上发起筹款,找到足量的小额资金以维持一些有针对性的活动的开销。资金可以来源于天使投资人。在这里,我指的是真正的“天使”投资人——为经济与科技的混乱给人口占比90%的底层民众所带来的影响而忧心忡忡的富人,而不是那些满眼都是狭隘商业利益的创业型企业。扛起数字创新是要付出代价的,由此带来的沉重负担大多压在了底层民众身上,而真正关心这些人的切身福利的富人或许并不多见,但的确还是存在的。愤世嫉俗者也许认为,设立比尔及梅琳达·盖茨基金会是提升微软股票市值的狡猾手段。但还有一种可能性就是,比尔·盖茨确实牵挂底层民众的幸福,而不是在利用弗里德曼那样的策略——以道德话语为幌子来掩盖推升股票市值的真实计划。盖茨的例子证明,尽管可能凤毛麟角,但怀有仁善之心的亿万富翁还是可以运用自身财富来行大善。

劳动者平台代表的是劳动者的利益,而最能体现这一点的方式便是平台要坚决杜绝各利益方来分一杯羹。有很多业务平台试图从用户的各类互动中牟利。因此,禁绝一切商业利益将使劳动者平台更深入人心。我们希望政客不涉及商业利益冲突,而劳动者也希望旨在为他们发声的平台能做到这一点。

我们对运营费用较为低廉的劳动者平台的职责必须有所限制,不能指望它们来履行传统工会所负责的诸多事务。共享出行劳动者平台不会有专门的法律团队来负责发出要将优步告上法庭的严正警告,或负责处理关于接待不周的个人投诉案件。设立平台的主要目的在于为劳动者从业务平台企业那里争取到更优厚的待遇。

但是为什么优步要听命于共享出行劳动者平台呢？在历史上，这也是工会面临的一大难题。如果雇主根本就不把你当回事儿，那你想要为劳动者仗义执言便会困难重重。在这里，我要重申从业务平台汲取的经验。业务平台的价值主要在于用户网络，而这也正是劳动者平台的能量所在。优步不会在意一个只拥有 10 名用户的共享出行劳动者平台，但如果是一个拥有 1 万名用户的平台，优步大概就需要认真听听它的意见了。共享出行劳动者平台应当随时准备与优步对话，同时也要接洽任何可能为驾驶员提供更丰厚待遇的新兴业务平台。劳动者平台不依靠所谓的公平理念，因为这恐怕无法让平台从自诩艾茵·兰德(Ayn Rand)的忠实粉丝的优步创始人特拉维斯·卡兰尼克那里获得煽情的发言机会。但劳动者平台却可以利用它的网络号召力来牵制卡兰尼克的个人利益。它在优步的竞争对手——愿意为驾驶员提供更丰厚待遇的企业面前展现出了极为有价值的群体，那就是可以成为新企业“合伙人”的全体驾驶员。驾驶员无须与优步对战，便可以颠覆它。

优步当然不是唯一的共享出行平台企业，它也面临着来自美国的来福车(Lyft)与欧洲的其他同类平台企业的竞争。如若我们放任这些企业发展，它们便会遵循“竞争排斥原理”——在共享出行经济中找到各自不同的定位。来福车更加注重扎根社区，而优步则拥有豪车市场。当优步与来福车之间能够开展直接竞争时，劳动者的利益就能得到有力的保障。直接的竞争对手是待遇欠佳的劳动者网络群体最理想的吸纳方。

与新兴的平台企业一样，一家日渐崛起的劳动者平台会面临一些相同的障碍。一家新兴的平台企业在用户数量上要达到临界规模非常不易。平台的价值会随着用户数量的增长而攀升，因此，平台企业想要起步十分艰难。一家拥有上百万会员的约会网站远比一家仅有10名会员的网站要值钱得多，而问题就在于如何从10跨越到100万。谁又会想要加入一家仅有10名会员的约会网站呢？对于成长中的劳动者平台而言，它的增长战略是一目了然的。它清楚地知道该从何处挖掘用户。它要寄生在与其对阵的平台企业的会员群体中。驾驶员对优步的集体不满恰好形成了劳动者平台的宣传基础。

劳动者平台的准入门槛相对很低，但是，与业务平台相似的是，劳动者平台也需要其会员具有一定的参与度与忠诚度。假设你注册了优步，下载了它的应用程序，却从来不点击或使用它，那么，对于优步而言，你并没有多大价值。共享出行劳动者平台也需要其会员做些事情。这些会员必须对平台代表们进行的磋商表示一定的关注，表现出自己愿意按照平台建议采取相应行动，甚至转向为劳动者提供更优厚待遇的新平台企业。他们也应当相信，同属于一家劳动者平台的其他会员也会一呼百应，跟他们一道加入其他的阵营。这些为更加优厚的待遇而唇枪舌剑的谈判者也需要掷地有声地向优步及与其竞争的企业挑明，他们会遵照这些企业的建议行事。优步可没有抱怨的资格。它享受着对不需要的“合伙人”弃如敝屣的便利，这也就意味着这种自由是双向的——劳动者也有权利选择更合意的共享出行平台企业。

不同的劳动者平台之间的会员资格不是互斥的，就算你同时参加了传统工会也可以。零工经济再三地告诫劳动者，他们要时刻准备好扮演多种角色。他们可以在所有的劳动者平台注册，拥有多种多样的零工身份。

有人时常会忧虑，强大的劳动者平台只会激化卡兰尼克的渴望——“把坐在车辆前排的伙计给开了”，让优步朝着共享无人驾驶汽车的方向转型。但是，卡兰尼克已经热情高涨地想这么做了。他觊觎边际利润的扩张，这意味着他对支付给驾驶员的每一分钱都心怀不满。优步或许将截留乘客车费的 80％而仅给驾驶员 20％，而在无限向往无人驾驶的未来的卡兰尼克眼中，这 20％还是给多了。劳动者平台能够为驾驶员在他们职业生涯剩余的时光中争取到更多的利益，同时也为那些本质上属于社会经济的服务形式树立标杆。

关于数字革命缔造亿万富翁的故事，我们已经听得太多了。财富可以如何四处散播而不是聚积到为数不多的互联网霸主的银行账户中呢？我们是时候要更加关注这个问题了。我已经指出过，有一种方式——关注数字财富的运作机制可以让这种梦想变为现实。我们如果想要通过大力清除劳动者平台所面临的障碍来实现这一设想，那就大错特错了，因为正是这些障碍的存在才能让劳动者平台与优步之间公平竞争。我们不能将值得一搏的预言与值得奋斗的理想混为一谈。强有力的劳动者平台正是值得我们为之奋斗的理想,即便对于其前景,我们所持的态度并不乐观。

结语

宏观展望让我们不再关注个体,而是把握整体趋势。但在本章中,我又一次将重点聚焦在了个体身上。在科技浪潮面前,人类并不是完全不堪一击的。我们可以有所作为,努力去缔造人性化的数字时代。对于数字技术以及营销数字技术的企业,我们可以调整相应的态度和应对措施。在本章中,我们探讨了五种途径,这些途径都在关注人类应当如何带着不确定性迈向数字时代。

第九章

缔造极致人性化的数字时代

本书的第一章中展现的是在数字时代人类能动性所面临的挑战。在脑力劳动方面,数字机器日渐比人类完成得更出色,且它们所耗费的成本更低。人工智能的高速发展意味着它们在脑力劳动领域中全面铺开的速度将会不断加快。

我们必须要明白,这种威胁指向的并不是各类具体工种,而是“工作即常态”理念,威胁到的是我们认为的人类从学校毕业后理应走上工作岗位的观念。或许无论机器人的数据库中储存着多少关于喜剧演员理查德·普赖尔(Richard Pryor)和琼·里弗斯(Joan Rivers)的脱口秀,不管这些数据有多么庞大且分析得有多精确,机器人都永远无法再现人类思维的特定排列组合方式,从而创作出色的脱口秀。但是,在数字时代的社会中,寥寥无几的脱口秀演员或治疗按摩师的存在不足以维系“工作即常态”理念。我们需要足够多的工种来稳固子孙后辈的信念,让他们深信自己在长大成人之后,可以找到满意的方式为全社会的福祉贡献个人的力量,同时也能公平地享受到一部分来自社会财富的回馈。

在第四章中,我向各种对于数字时代的前景过度自信的预言发出了警示。或许,现在人们对自动化带来的后果的担忧,最终会被证明只是杞人忧天。又或许,在数字革命的下一阶段,许多需要人们发挥想象力与能动性的工作将会诞生,而这些工作是身处 21 世纪初期的我们无法想象的。或许,我们的子孙后代在数字时代将会从事各类炫酷的工作,而那时的他们会对我们竟然能把那些毫无灵魂的苦差事称为工作表示同情,也会惊讶于我们为什么能够忍受那么长时间。我真挚地期望这就是我们要去往的未来。但是,我们应当将对于数字时代的美好希冀与理性设想区分开来。在本书中,我建议我们用对待保险的看法来面对未来的种种不确定性:一边畅想着美好的人性化数字时代,一边做好未来“工作即常态”可能会被数字革命冲击而岌岌可危的心理准备。

如何创造出能够在宏大的科技进步中得以幸存的工作呢?或许,对于数字革命而言,我们现在思考这个问题完全是多此一举。但是,这样的思索也许在后数字革命时代的科技革命中将对我们大有帮助。量子革命将许多从事数字技术工作的人驱逐出经济领域,并以少数真正精通量子机械技术如何运作的精英来取代他们。或许,当我们的子孙后代在面对量子革命的机遇和纷扰时,这些思路能够帮助他们保持冷静的头脑。对待保险的看法告诉我们，这种防患于未然的成本并不高，只需要对人类未来的可能性进行创造性畅想——为跳出科技主义者所描绘的那种所谓必将到来的未来情景而进行的创造性畅想。

假设我们严肃地对待数字革命对“工作即常态”造成的威胁，那么问题就在于人类究竟要如何应对危机。我构建了一种理想——社会-数字经济的理想。我们应当允许甚至鼓励机器在某些脑力劳动领域开疆拓土，但是，同时要坚决维护和拓展本质上属于社会型的脑力劳动。那么，我们该如何断定哪些工作需要保护，而哪些工作可以交给机器呢？那些我们要竭力维护的工作都是以人际思维沟通为核心的。对我们来说，重要的是，在一场哈姆雷特的演出背后或一则关于我们该如何对抗抑郁症的建议背后，存在着与我们的想法和感受非常相似的人类大脑。我们静心反思时便会发现，我们在意工作在人与人的思维之间建立起的纽带。

我们究竟该以纯粹效率至上的标准还是人性与效率兼顾的标准来衡量某种工作，这一点并不取决于关于这项工作的客观事实。在第六章中，我提出，正因为我们与驾驶飞机的人类飞行员之间接触有限，所以当更高效的全自动飞机驾驶座舱问世时，我们并不会感到失望。热衷于自由式滑雪的人所沉迷的项目会增加他们死于非命的概率，这一点他们心知肚明。所以，即便无人驾驶飞机明显更安全，未来还是会有人选择乘坐人工驾驶的飞机。但是，我们似乎已经无法改写过去了。无人驾驶飞机的时代将在基本不影响乘客体验的情况下悄悄来临。搭乘无人驾驶飞机的第一批乘客在获知“竟然不是人类在驾驶这玩意儿!”之时或许会大惊失色。但是,关于人们如何迅速适应乘坐无人驾驶汽车四处兜风的报道表明,我们也将很快习惯乘坐无人驾驶飞机,并很快会对无人驾驶座舱带来的安全性的提升赞不绝口。

如果社会-数字经济的理想让我们渐入佳境了,我们是否就能想象出未来将诞生的各种社会型工作呢?或许不能。在第五章与第六章中,我列举了几种迥然不同,但都以人际思维沟通为核心的工作。我认为,相较于效率上的折损而言,这些沟通的价值更为珍贵。在数字时代,人类可以继续担任咖啡师、私人购物顾问、演员和太空探险家等。然而光凭这些工作,“工作即常态”理念在数字时代还是难以为继。但幸运的是,我们有理由期待,这些五花八门但都以人际思维沟通为核心的职业将催生出更多更加丰富的社会型工作。

在第四章中,我批驳了戴维·奥特尔的过度自信。他认为,数字时代必将带来我们今天无法想象的工作,我们应当期待科

技进步所推动的经济增长能催生出过去我们完全无法想象的新型职业。在回应奥特尔的过程中，我承认，毋庸置疑，科技的进步会打造出新经济角色。但是，随之而来的另一个问题就是“谁”或者说“什么东西”将扮演这些角色。我提出的观点是机器学习有潜力能够更节能、更高效地扮演起数字革命所孕育的新经济角色，而我们对待保险的看法也要求我们必须正视这种可能性——数字革命所打造的新经济角色几乎不会由人类承担。

随即，我效仿了奥特尔提出的推理思路，认为未来的社会经济所涵盖的工作种类星罗棋布。尽管我们无法想象出这些工作的细节，但却能通过推理来证明它们的存在。当我们试图描绘这些工作时，我们似乎会觉得它们看起来有些奇怪和不可思议——数字时代的社会经济中究竟需要多少社交增强版的私人购物顾问呢？但是，这些五花八门的例子则预示着的确有许多工作是建立在我们的社交需求与社交能力的基础之上的。相较于奥特尔的设想，我能提供更为坚实的基础来证明在未来超乎我们目前的想象范畴的职业终将应运而生。这些隶属于社会经济的新型工作将围绕着人类的社交能力与社交需求来生成，而这些社交能力与社交需求都属于科技变革影响相对较少的领域。在当代极致繁荣、科技高度发达的社会中，许多此类社交需求都尚未得到满足。

在第五章中，我评论了当下科技高度发达的社会中似乎呈现出蔓延态势的社会隔离，并引述了约翰·卡乔波关于人类"内在固有的群居属性"的著作。我们在离群索居之时往往会感到内心煎熬，这是人类作为"群居物种"进化而留下的后遗症。这段历史暗示了许多社会型工作可能出现的范畴。我们可以回望当代人都谙熟于心的原始狩猎采集史，并仔细思虑一下，我们的先祖是以哪些多姿多彩的方式来满足彼此的社交需求的。这其中的每一种方式都向我们预示，各种工作顺利渡过转型期并最终迈入数字时代并不是空想。人类对同类的青睐让我们始终认为机器无法完全胜任这些角色。

但这其中包含了一个问题——狩猎采集者或许非常忙碌，但是他们没有职业。为什么我们非要通过创造职业这种看似并不高明的手段来满足社交需求呢？"全民基本收入"的倡导者反对我们将"工作"与"职业"这两个概念混为一谈。中石器时代的狩猎采集者从事着"工作"特征显著的目的性活动，但他们没有"职业"。他们不以期待获取工资为前提工作。狩猎采集者群体有工作，但没有工作体制。

对于数字时代复杂多样的社会形态而言，工作可以起到社交黏合剂的作用。人类是从保罗·西布赖特口中所谓的“在整段进化史中,内敛、凶残的猿始终规避与陌生者接触”进化而来的。科技高度发达的社会呈现出广阔的多样性,而这种多样性正是凭借工作体制将人与人紧密地联系在一起的。从某种程度上来说,我们在并肩工作时,其实跨越了种族、性别和能力的界限。过去令你嗤之以鼻的族群成员现在成了你的同事或重要客户。正如我们在第五章中所见的那样,携手合作以达成某个具有挑战性的目标是打造彼此之间的信任感的绝妙方式,这种想法并非空穴来风。工作就是社交黏合剂,有助于将陌生人凝聚在一起,形成人人都相互信赖的社会。

这并不是说工作是我们跨越这些界限的唯一方式。运动就是另一种途径,我们必须相互配合才能获得成功。然而,在对于当代的影响力上,所有涉及协作的领域无一能与工作体制相提并论。如果“全民基本收入”的拥护者有意大幅削减工作所蕴含的社会影响力,那么对于数字时代无业可依的社会,他们就不能仅靠纸上谈兵来畅想所谓在社会影响力上能与工作相匹敌的机制将会出现。我们应当警惕,社会有可能分裂为以种群或族裔来界定的各种狭隘的次级社会。“工作即常态”理念从很大程度上来说是我们维系自由民主多样性的手段。人类身上带着内在固有的群居属性中的狭隘天性,那么,我们又如何保证施行“全民基本收入”体制的未来社会不会被割裂成数百个与狩猎采集者群体大小相仿的社会单位呢?正是工作敦促着我们与跟我们不同的人互相接触,彼此协作。我不否认,或许除了工作体制之外，我们还能找到别的方案来解决这些问题。但是，我们不能只是幻想着这些问题能够迎刃而解。如果我们为了某些虚无存在而摒弃工作，并且认为这些虚无存在理论上能跟工作一样起到联合陌生人并形成凝聚力十足的社会形态作用的话，那我们就大错特错了。工作体制与“工作即常态”理念是我们当下的解决之道，并且能起到立竿见影的效果！

在当下经济走向不明朗的时代，当我为“工作即常态”理念振臂一呼时，我并不是想表达我对于现今许多具体的工作形态的认可。现今的很多工作都不令人满意。我们对穷人从事的工作与富人从事的工作所持的态度并不一致。对于穷人所承担的工作，我们的态度可以用经济学家的观点来总结——它们是产生个人负效用的工作。如果无法获得薪酬，你便不会从事这种职业。你之所以按时上班，是因为你期待从工资中获得的个人正效用能够抵消并超出从事此项职业所衍生的负效用。雇主力求支付给这些劳动者的薪金数额不多不少，刚好能让他们按时上班。然而，对于富人所从事的工作，我们可就不这么想了。根据《名利场》(*Vanity Fair*)杂志的说法，马特·达蒙(Matt Damon)由于出演2016年的影片《谍影重重5》(*Jason Bourne*)而获取的片酬高达每句台词100万美元。但我们绝不会一边盯着这个数字，一边心中暗自思忖：达蒙在说这一句句台词的时候该承受着多么剧烈的痛苦，这种痛苦得需要大把的金钱才能抵消吧。相反，我们期待达蒙告诉我们的是他很享受自己在这部影片中的表演。

我希望社会-数字经济能够让达蒙的工作体验在我们身上得到普及。达蒙将他获得高薪酬的原因阐述为他的表演产生了巨大而积极的正面力量。人们喜欢他的电影并甘愿付费去观看。这些属于社会经济的职业需要我们进行人际互动。即使社交成为一种工作,也并不妨碍我们从中汲取乐趣。社会经济中薪酬的合理性不应当从补偿个人负效用的角度进行论证,而是要从我们为社会带来多少效益着眼。

从目前21世纪初期民主国家的现实情况来看,工作体制还并不完美。我们应当不断探索各种消除工作体制中尚存的不公正的方式。社会经济的理想能够合理地衡量我们为陌生人所提供的社会服务的价值,而这为我们指明了一种前行的方向。

迎接社交时代

有人发起了一场运动,想要重新命名人类目前所在的地质年代。根据地质学传统,我们现在处于"全新世",这个名字源于古希腊语,意为"全新的"。"全新世"开始于大约1.2万年前。但一些地质学家认为,我们应当承认人类已经迈入了一个新纪元——"人类世",一个能够体现出人类影响对于地球地质与生态系统的重要性的纪元。在引言中,我援引了弗朗西斯·培根的一句名言,在这句话中,他将技术革新视为人类历史的推动力。培根认为,"没有哪个帝国、教派、星辰对于人类事务的推动力和影响力"能够超越最大型的技术进步。我们以历次革新中的主导技术来命名人类的各个历史时期,从石器时代、青铜时代、铁器时代一路走来。工业时代则因工业革命中的各项技术而得名。然后,我们来到了数字时代——以联网数字计算机构成的技术集成包来定义的时代。

如果我们依照本书的建议行事,那么我们即将迈进的这个时代便理当被称为“社交时代”——因社交互动对人类事务的重要性而得名。我们应当摒弃一种观点,“社交”一词并不是为了数字技术中极其有利可图的板块,例如脸书、推特、领英(LinkedIn)之类的社交网络技术而构建的。相反,这个词折射着人际思维沟通对于整体人类体验的重要意义。

选择“社交时代”一词的做法有违于以主导技术为时代命名的传统,但是,这并不意味着我们拒绝科技。社交时代的公民将来不会过着没有科技参与的、与大自然神奇地融为一体的田园牧歌式生活。他们需要仰仗极其强大的数字技术,并且无法否认数字技术是自身生活中必不可少的一部分。但是,在他们眼中,在他们对自身生活的理解中,这些必不可少的技术在重要性上只能屈居其次。我们已经见证过,在我们所处的时代,有一些更加古旧但仍然重要的技术在重要性上降级了。如今,我们大多数人的生活都离不开电。况且,如果没有电,也就没有了谷歌。但我们绝不会认为谷歌是一家电力公司,这里用作修饰语的“电力”一词并不是表示谷歌涉足电力行业,而是说它的每一项活动都需要电的参与。谷歌也要承认假如没有电,也就不会有谷歌搜索引擎,搜索结果也无法应用人工智能技术来加以分析。电力已经退居次要地位。我们将谷歌的成就主要归结为带来了“改变游戏规则”的新型数字技术。在随后的几十年中所发生的一切大都与数字技术休戚相关。然而,我们或许会意识到,尽管如此,人与人之间在心灵上的联系无论是对于人类个体还是整体而言都有着更重要的意义。只要我们领会到人类整体态度上的转变,就能够从数字时代迈入社交时代。或许,社交时代最终会将我们引领向另一个时代,到那时,人类的根本面貌将变得迥然不同。但是这种局面将不太可能是技术变革带来的结果。我们不能期待靠一种新技术集成包的问世来终结社交时代。

“人类世”一词同时也折射着我们对人类功绩的负面评价。人类作为一种主要的负面力量,在干扰着“全新世”所界定的各种良性自然进程。我们造成了大规模的动植物灭绝、海洋污染,并排放出大量的二氧化碳。将人类历史的下一个纪元命名为“社交时代”更多折射的是我们对人类携手所能成就的事业给出了更为正面的评价。我提出的“社交时代”不是一种预言,我没有认定这将是人类历史上迎来的下一次关键性大规模飞跃。或许,我们也可以选择放弃社会-数字经济的理想,而继续将技术视为影响人类整体体验的主要因素。但至关重要的是,我们必须正视,如果我们摒弃了这个注重打造社交生活的机会,其所产生的长远影响是什么。假设我们对人际思维沟通的特殊重要性视而不见,恐怕就要对一个完全唯效率论的“去人性化”未来感到恐惧不已了,而这无异于我们主动选择了一条灭亡之路,将人类的位置拱手让给高“人”一等的机器了。

注释

引言　展望数字革命

1. Rose-Mary Sargent (ed.), *Francis Bacon: Selected Philosophical Works* (Indianapolis: Hackett, 1999), 146. See Erik Brynjolfsson and Andrew McAfee, *The Second Machine Age: Work, Progress, and Prosperity in a Time of Brilliant Technologies* (New York: W. W. Norton, 2014) for a modern presentation of the significance of technological change to human history.

2. See Walter Isaacson, *The Innovators: How a Group of Hackers, Geniuses, and Geeks Created the Digital Revolution* (New York: Simon and Schuster, 2014) for an illuminating history of the Digital Revolution's technologies and personalities.

3. The term "technological unemployment" was introduced by John Maynard Keynes, "Economic Possibilities for Our Grandchildren," in his *Essays in Persuasion* (New York: W. W. Norton & Co., 1963).

4. "Will a Robot Take Your Job?" *BBC News*, September 11, 2015, http://www.bbc.com/news/technology-34066941.

5. Rory Cellan-Jones, "Stephen Hawking Warns Artificial Intelligence Could End Mankind," *BBC News*, December 2, 2014, http://www.bbc.com/news/technology-30290540; Nick Bostrom, *Superintelligence: Paths, Dangers, Strategies* (Oxford: Oxford University Press, 2014).

6. For my response to fears about artificial superintelligence, see Nicholas Agar, "Don't Worry about Superintelligence," *Journal of Evolution and Technology* 26: 1 (2016): 73-82. Bostrom overstates the threat from a human-unfriendly superintelligence. We shouldn't worry too much about a small threat of extinction from AI just as we don't worry much about the threat of personal extinction when we carefully cross a busy road.

7. Samuel Gibbs, "Apple Co-founder Steve Wozniak Says Humans Will Be Robots' Pets," *Guardian*, June 25, 2015, https://www.theguardian.com/technology/2015/jun/25/apple-co-founder-steve-wozniak-says-humans-will-be-robots-pets.

8. Elon Musk raised the prospect of humanity as pets for future AIs. According to Musk, the only way to avoid futures as house cats was to become cyborgs. Since we can't beat machines of the Digital Age, we must then become them, at least partially. See James Tibcomb, "Elon Musk: Become cyborgs or risk humans being turned into robots' pets," *Telegraph*, June 2, 2016, http://www.telegraph.co.uk/technology/2016/06/02/elon-musk-become-cyborgs-or-risk-humans-being-turned-into-robots.

9. Stanley Coren, "How Many Dogs Are There In the World?," *Psychology Today*, September 19, 2012, https://www.psychologytoday.com/blog/canine-corner/201209/how-many-dogs-are-there-in-the-world.

10. Nick Bilton, "How the Media Screwed Up the Fatal Tesla Accident," *Vanity Fair*, July 7, 2016, https://www.vanityfair.com/news/2016/07/how-the-media-screwed-up-the-fatal-tesla-accident.

11. Daniel Wegner and Kurt Gray, *The Mind Club: Who Thinks, What Feels, and Why It Matters* (New York: Penguin, 2016), 3.

12. John Cacioppo and William Patrick, *Loneliness: Human Nature and the Need for Social Connection* (New York: W. W. Norton & Company, 2008; Kindle).

13. Ibid., loc. 928-929.

14. Ibid., loc. 931.

15. Robert Putman, *Bowling Alone: The Collapse and Revival of American Community* (New York: Simon & Schuster, 2000), 213.

16. Martin Ford, *Rise of the Robots: Technology and the Threat of a Jobless Future* (New York: Basic Books, 2015).

17. Robert Gordon, *The Rise and Fall of American Growth: The U. S. Standard of Living Since the Civil War* (Princeton, NJ: Princeton University Press, 2016; Kindle), loc. 6260.

18. See, for example, Joris Toonders, "Data Is the New Oil of the Digital Economy," *Wired*, July 2014, https://www.wired.com/insights/2014/07/data-new-oil-digital-economy. For skepticism about this claim, see Jer Thorp, "Big Data Is Not the New Oil," *Harvard Business Review*, November 30, 2012, https://hbr.org/2012/11/data-humans-and-the-new-oil.

第一章 数字革命会是下一颗明日之星吗?

1. V. Gordon Childe, *The Dawn of European Civilisation* (London: Kegan Paul, 1925); V. Gordon Childe, *The Most Ancient Near East: The Oriental Prelude to*

European *Prehistory* (London: Kegan Paul, 1928); V. Gordon Childe, *Man Makes Himself* (London: Coronet, 2003). See also Graeme Barker, *The Agricultural Revolution in Prehistory: Why Did Foragers Become Farmers?* (Oxford: Oxford University Press, 2006), chap. 9; and Steven Mithen, *After the Ice: A Global Human History* (London: Weidenfeld and Nicolson, 2003), chap. 7 and 21.

2. See William Rosen's discussion of technological hubs. Rosen argues for the salience of the steam engine, identifying it as the hub of the technologies introduced by the Industrial Revolution. "Its central position connecting the era's technological and economic innovations: the hubs through which the spokes of coal, iron, and cotton were linked." William Rosen, *The Most Powerful Idea in the World: A Story of Steam, Industry, and Invention* (Chicago: University of Chicago Press, 2010), xxi.

3. Steven Mithen, *After the Ice: A Global Human History* (London: Weidenfeld and Nicolson, 2003; Kindle), loc. 1383.

4. Ibid., chap. 7.

5. Robert Gordon, *The Rise and Fall of American Growth: The U. S. Standard of Living Since the Civil War* (Princeton, NJ: Princeton University Press, 2016; Kindle).

6. Ibid., loc. 174.

7. Ibid., loc. 6253.

8. Ibid., loc. 255.

9. Ibid., loc. 11031.

10. Ibid., loc. 6260.

11. Ibid., loc. 8233-8234.

12. Ibid., loc. 172.

13. Ibid., chap. 18.

14. Ibid., loc. 10294.

15. Ray Kurzweil is the most influential recent booster of exponential technological progress. See Ray Kurzweil, *The Singularity Is Near: When Humans Transcend Biology* (New York: Viking, 2005).

16. Erik Brynjolfsson and Andrew McAfee, *The Second Machine Age: Work, Progress, and Prosperity in a Time of Brilliant Machines* (New York: W. W. Norton, 2014).

17. Thomas Friedman, *Thank You for Being Late: Finding a Job, Running a Country, and Keeping Your Head in an Age of Accelerations* (New York: Farrar, Straus and Giroux, 2016).

18. Gordon, *The Rise and Fall of American Growth*, Kindle loc. 6263.

19. Lauren Johnson, "Google's Ad Revenue Hits $19

Billion, Even as Mobile Continues to Pose Challenges," *Adweek*, July 28, 2016, http://www.adweek.com/?p=172722.

20. Tim Wu, *The Attention Merchants: The Epic Scramble to Get Inside Our Heads* (New York: Knopf, 2016).

21. See the informative review of Gordon's book by Tyler Cowen. Cowen summarizes his response: "In a nutshell, Gordon is probably right about the past, but wrong about the future." Tyler Cowen, "Is Innovation Over? The Case Against Pessimism," *Foreign Affairs*, March/April 2016, https://foreignaffairs.com/reviews/review-essay/2016-02-15/innovation-over.

22. Quoted in Ashlee Vance, "This Tech Bubble Is Different," *Bloomberg*, April 15, 2011, https://www.bloomberg.com/news/articles/2011-04-14/this-tech-bubble-is-different.

23. Christof Koch, "How the Computer Beat the Go Master," *Scientific American*, March 19, 2016, https://www.scientificamerican.com/article/how-the-computer-beat-the-go-master.

24. Cited in World Health Organization, Fact Sheet no. 310, "The Top Ten Causes of Death," updated May 2014, http://www.who.int/mediacentre/factsheets/fs310/en/.

25. "Number of casualties due to terrorism worldwide

between 2006 and 2016,"Statista,2018,https://www.statista.com/statistics/202871/number-of-fatalities-by-terrorist-attacks-world-wide.

26. "Tesla driver killed while using autopilot was watching *Harry Potter*, witness says," *Guardian*, July 1, 2016, https://www.theguardian.com/technology/2016/jul/01/tesla-driver-killed-autopilot-self-driving-car-harry-potter.

27. Hod Lipson and Melba Kurman, *Driverless: Intelligent Cars and the Road Ahead* (Cambridge, MA: MIT Press, 2016; Kindle), loc. 4167-4171.

28. Ibid., loc. 420.

29. Gordon, *The Rise and Fall of American Growth*, loc. 11481-11485.

30. Kevin Rawlinson, "Fewer car owners and more driverless vehicles in future, survey reveals," *Guardian*, January 9, 2017, https://www.theguardian.com/business/2017/jan/09/fewer-car-owners-more-driverless-vehicles-future-survey-reveals.

31. Gordon, *The Rise and Fall of American Growth*, loc. 11490.

32. For an account of potential economic benefits of driverless technology more informative than Gordon's imaginative failure, see chapter 2 of Lipson and Kurman,

Driverless.

33. Gordon, *The Rise and Fall of American Growth*, loc. 11479.

34. David Autor, "Why Are There Still So Many Jobs? The History and Future of Workplace Automation," *Journal of Economic Perspectives* 29 (3) 2015: 3-30, at 25-26.

35. Emily Retter, "The Stupidest Quiz Show Answers EVER," Mirror, January 22, 2016, https://www.mirror.co.uk/tv/tv-news/stupidest-quiz-show-answers-ever-7229447.

36. Autor, "Why Are There Still So Many Jobs?," 26.

37. Ibid.

38. Gerd Gigerenzer, *Gut Feelings: The Intelligence of the Unconscious* (New York: Viking, 2007), 85.

39. Erika Check Hayden, "The Rise and Fall and Rise Again of 23andMe," *Nature*, October 11, 2017, https://www.nature.com/news/the-rise-and-fall-and-rise-again-of-23andme-1.22801.

40. Daniela Hernandez, "Big Tech Has Your Email and Photos. Now It's on a Quest to Own Your DNA," *Huffington Post*, July 20, 2015, https://www.huffingtonpost.com/entry/big-tech-dna_55ac3376e4b0d2-ded39f46eb?utm_hp_ref=worldpost-future-series.

41. Pedro Domingos, *The Master Algorithm: How the*

Quest for the Ultimate Learning Machine Will Remake Our World (London: Allen Lane, 2015), xvii.

42. Siddhartha Mukherjee, *The Emperor of All Maladies: A Biography of Cancer* (New York: Scribner, 2013; Kindle); loc. 9792-9794.

43. Pedro Domingos, *The Master Algorithm: How the Quest for the Ultimate Learning Machine Will Remake Our World* (London: AllenLane, 2015), 259-261.

44. Ibid., 259.

45. Ibid., 259.

46. Olivia Solon, "Mark Zuckerberg and Priscilla Chan aim to 'cure, prevent and manage' all disease," *Guardian*, September 21, 2016, https://www.theguardian.com/technology/2016/sep/21/mark-zuckerberg-priscilla-chan-end-disease.

第二章 人工智能的分裂人格

1. Alan Turing, "Computing Machinery and Intelligence," *Mind* 49 (1950): 433-460.

2. For excellent philosophical presentations of Turing and his test, see Jack Copeland, *Artificial Intelligence: A*

Philosophical Introduction (Oxford: Blackwell, 1993); Jack Copeland, "The Turing Test," *Minds and Machines* 10 (2000): 519-539; Daniel Dennett, "Can Machines Think?" in Michael Shafrom (ed.), *How We Know* (San Francisco: Harper and Row, 1985), 121-145; Hector Levesque, *Common Sense, the Turing Test, and the Quest for Real AI* (Cambridge, MA: MIT Press, 2017; Kindle.); James Moor, "An Analysis of the Turing test," *Philosophical Studies* 30 (1976): 249-257; Graham Oppy and David Dowe, "The Turing Test," *Stanford Encyclopedia of Philosophy*, https://plato.stanford.edu/entries/turing-test.

3. See the discussion in Levesque, *Common Sense, the Turing Test, and the Quest for Real AI*. Levesque distinguishes between adaptive machine learners capable of learning from large amounts of data in an unsupervised way and the goal of GOFAI (Good Old Fashioned Artificial Intelligence), which is to make a machine with common sense, the kind of intelligence that humans apply to everyday life. We can identify GOFAI with the philosophical interest in AI. Adaptive machine learning corresponds to the pragmatic interest.

4. Most famously John Searle, "Minds, Brains, and Programs," *Behavioral and Brain Sciences* 3 (1980): 417-424.

5. Pedro Domingos, *The Master Algorithm: How the Quest for the Ultimate Learning Machine Will Remake Our World* (London: Allen Lane, 2015), xvii.

6. Ibid., 25.

7. Quoted in Andrew Hodges, *Alan Turing: The Enigma*, Centenary Edition (Princeton: Princeton University Press, 2013), 251.

8. Searle, "Minds, Brains, and Programs."

9. Douglas Hofstadter's 1979 book *Gödel, Escher, Bach* attracted widespread excitement about the challenge of programming a machine to think. Recently Hofstadter has become disenchanted by artificial intelligence and what he sees as its loss of interest in human thought. Hofstadter expresses his disappointment about Deep Blue's 1997 victory over Kasparov that we can recognize as coming from his philosophical interest in AI. He says, "Deep Blue plays very good chess—so what? Does that tell you something about how we play chess? No. Does it tell you about how Kasparov envisions, understands a chessboard?" (James Somers, "The Man Who Would Teach Machines to Think," *Atlantic*, November 2013, https://www.theatlantic.com/magazine/archive/2013/11/the-man-who-would-teach-machines-to-think/309529.) Again, Hofstadter's answer is presumably no. I

suspect that these queries are unlikely to lead IBM to regret its thoroughgoing pragmatism about machine chess.

10. Turing, "Computing Machinery and Intelligence," 442.

11. Most commentators hold the view presented by Graham Oppy and David Dowe: "There is little doubt that Turing would have been disappointed by the state of play at the end of the twentieth century." One exception is Jack Copeland, "The Turing Test," *Minds and Machines* 10 (2000): 519-539.

12. Turing, "Computing Machinery and Intelligence," 442.

13. To chat with Sgt. Star, the US Army's virtual guide, go to https://www.goarmy.com/ask-sgt-star.html.

14. Consider the negative assessment of the Loebner Prize by Marvin Minsky, widely acclaimed as the father of artificial intelligence. Minsky called the Loebner Prize "obnoxious and stupid." He "offered a cash award of his own to anybody who can persuade Loebner to abolish his prize and go back to minding his own business." John Sundman, "Artificial Stupidity," *Salon*, February 27, 2003, https://www.salon.com/2003/02/26/loebner_part_one.

15. Brian Christian, *The Most Human Human: What Artificial Intelligence Teaches Us About Being Alive* (New

York: Anchor Books, 2011) discusses his participation in the Loebner Prize.

16. Levesque, *Common Sense, the Turing Test, and the Quest for Real AI*, loc. 736.

17. To chat with ELIZA, computer therapist, visit http://www.manifestation.com/neurotoys/eliza.php3.

18. David Morris, "Ashley Madison Used Chatbots to Lure Cheaters, Then Threatened to Expose Them When They Complained," *Fortune*, July 10, 2016, http://fortune.com/2016/07/10/ashley-madison-chatbots.

19. Nicholas Agar, "Reflections on 'Chatbot,'" *OUPblog*, November 25, 2016, https://blog.oup.com/2016/11/reflections-on-chatbot-woty-2016.

20. For an appeal to our hyperactive agency detection device to explain belief in God, see Justin Barrett, *Why Would Anyone Believe in God?* (Walnut Creek, CA: AltaMira Press, 2004).

21. See the Wikipedia entry on Deep Blue at https://en.wikipedia.org/wiki/Deep_Blue_(chess_computer).

第三章 数据:一种新型财富

1. For a discussion of the long-term influence of

technological progress on human well-being see Nicholas Agar, *The Sceptical Optimist: Why Technology Isn't the Answer* (Oxford: Oxford University Press, 2015).

2. "Facebook Valuation Tops $200 Billion," *Bloomberg*, September 8, 2014, https://www.bloomberg.com/infographics/2014-09-08/facebook-valuation-tops-200-billion.html.

3. Patrick Gillespie, "Apple: First U. S. company worth $700 billion," *CNN Money*, February 10, 2015, http://money.cnn.com/2015/02/10/investing/apple-stock-high-700-billion.

4. Bezos's net worth in early 2018 was US $132.1 billion. See "The World's Billionaires," *Forbes*, updated daily, http://www.forbes.com/billionaires/list. For a discussion of Bezos's holdings in real estate, see Nav Athwal, "The Fabulous Real Estate Portfolio of Jeff Bezos," *Forbes*, August 13, 2015, https://www.forbes.com/sites/navathwal/2015/08/13/the-fabulous-real-estate-portfolio-of-jeff-bezos/#90475c0569cd.

5. See, for example, Joris Toonders, "Data Is the New Oil of the Digital Economy," *Wired*, July 2014, https://www.wired.com/insights/2014/07/data-new-oil-digital-economy. For skepticism, see Jer Thorp, "Big Data Is Not the New Oil," *Harvard Business Review*, November 30, 2012, https://hbr.

org /2012 /11 /data-humans-and-the-new-oil.

6. For an analysis that locates Google's leadership in Search more in the quantities of its data than in the cleverness of its algorithms, see Pedro Domingos, *The Master Algorithm: How the Quest for the Ultimate Learning Machine Will Remake Our World* (London: Allen Lane, 2015), 12.

7. "Data Is the New Oil, Analytics the New Refinery," Retail Info Systems, March 30, 2015, https://risnews.edgl.com /retail-news /Data-is-the-New-Oil,-Analytics-the-New-Refinery99333.

8. "The World's Billionaires," *Forbes*, updated daily, http://www.forbes.com /billion aires /list.

9. Charles Riley, "Mark Zuckerberg Gives Pope Francis a Drone," *CNN*, August 29, 2016, http://money.cnn.com/2016 /08 /29 /technology /pope-francis-mark-zuckerberg-facebook-italy.

10. For an interesting critique of the "great man of tech myth," see Amanda Schaffer, "Tech's Enduring Great Man Myth," *MIT Technology Review*, August 4, 2015, https://www.technologyreview.com /s /539861 /techs-enduring-great-man-myth.

11. Jaron Lanier, *Who Owns the Future?* (New York: Simon and Schuster, 2013), 79.

12. Naina Bajekal, "Londoners Unwittingly Exchange First Born Children For Free Wi-Fi," *Time*, September 29, 2014, http://time.com/3445092/free-wifi-first-born-children.

13. "Power of One Million," *23andMe Blog*, June 18, 2015, https://blog.23andme.com/news/one-in-a-million.

14. Daniela Hernandez, "Big Tech Has Your Email and Photos. Now It's on a Quest to Own Your DNA," *Huffington Post*, July 20, 2015, https://www.huffingtonpost.com/entry/big-tech-dna_55ac3376e4b0d2ded39f46eb.

15. Dorothy Denning, "Concerning Hackers Who Break into Computer Systems," *Proceedings of the 13th National Computer Security Conference* (Washington, DC: National Institute of Standards and Technology/National Computer Security Center, 1990), 653-664.

16. Thomas Jefferson, "Thomas Jefferson to Isaac McPherson, 13 Aug. 1813," in *Founders' Constitution*, eds. Philip B. Kurland and Ralph Lerner (Indianapolis: Liberty Fund, 1986).

17. Jeremy Rifkin, *The Zero Marginal Cost Society: The Internet of Things, the Collaborative Commons, and the Eclipse of Capitalism* (New York: Palgrave MacMillan, 2014).

18. Ibid., 18.

19. Kevin Kelly, *The Inevitable: Understanding the 12 Technological Forces That Will Shape Our Future* (New York: Penguin, 2016).

20. Cory Doctorow, *Information Doesn't Want to Be Free: Laws for the Internet Age* (San Francisco: McSweeney's, 2014), section 1.4.

21. For an illuminating account of the reality of holding power, see Bruce Bueno de Mesquita and Alastair Smith, *The Dictator's Handbook: Why Bad Behavior Is Almost Always Good Politics* (New York: Public Affairs, 2011).

22. Jim McLauchlin, "*Star Wars*' $4 Billion Price Tag Was the Deal of the Century," *Wired*, December 14, 2015, https://www.wired.com/2015/12/disney-star-wars-return-on-investment.

23. Kelly, *The Inevitable*, chap. 3.

24. Alex Hern, "Facebook Is Making More and More Money from You. Should You Be Paid for It?" *Guardian*, September 25, 2015, https://www.theguardian.com/technology/2015/sep/25/facebook-money-advertising-revenue-should-you-be-paid.

25. See Statista: *The Statistics Portal*, https://www.statista.com/statistics/264810/number-of-monthly-active-facebook-users-worldwide.

26. Antonio Garcia Martinez, *Chaos Monkeys: Inside the Silicon Valley Money Machine* (New York: Harper, 2016).

27. Lanier, *Who Owns the Future?*, 40.

28. See the Wikipedia page on Lanier, https://en.wikipedia.org/wiki/Jaron_Lanier.

29. Lanier, *Who Owns the Future?*, 9.

30. Ibid., 216-220.

31. Ibid., 218.

32. Ibid., 263.

33. Ibid., 5.

34. Theo Valich, "Facebook Bank: Introduces Micro Payments up to $10,000," *VR World*, June 27, 2015, http://vrworld.com/2015/06/27/facebook-bank-introduces-micro-payments-up-to-10000.

35. James Fair, "Hunting Success Rates: How Predators Compare," *Discover Wildlife*, December 17, 2015, http://www.discoverwildlife.com/animals/hunting-success-rates-how-predators-compare.

36. Bruce Schneier, *Data and Goliath: The Hidden Battles to Collect Your Data and Control Your World* (New York: W. W. Norton, 2015), 17.

第四章 在数字时代，工作依旧是人类的常态吗？

1. Thomas Leary, "Industrial Ecology and the Labor Process," in Charles Stephenson and Robert Asher (eds.), *Life and Labor: Dimensions of American Working-Class History* (New York: SUNY Press, 1986), 44.

2. Robert Gordon, *The Rise and Fall of American Growth: The U. S. Standard of Living Since the Civil War* (Princeton, NJ: Princeton University Press, 2016; Kindle), loc. 4989.

3. Mihaly Csikszentmihalyi and Judith Lefevre, "Optimal Experience in Work and Leisure," *Journal of Personality and Social Psychology* 56 (1989): 815-822.

4. Mihaly Csikszentmihalyi, *Flow: The Psychology of Happiness*, revised and updated edition (London: Random House, 2002).

5. Csikszentmihalyi and Lefevre, "Optimal Experience in Work and Leisure."

6. Kevin Kelly, *The Inevitable: Understanding the 12 Technological Forces That Will Shape Our Future* (New York: Viking, 2016), 50.

7. John Maynard Keynes, "Economic Possibilities for Our

Grandchildren," *Essays in Persuasion* (New York: W. W. Norton and Co., 1963), 358-373.

8. See also David Autor, "Why Are There Still So Many Jobs? The History and Future of Workplace Automation," *Journal of Economic Perspectives* 29, no. 3 (2015): 3-30.

9. Kelly, *The Inevitable*, 60.

10. Autor, "Why Are There Still So Many Jobs?."

11. Ibid., 6.

12. Andrew McAfee and Erik Brynjolfsson, *Machine, Platform, Crowd: Harnessing Our Digital Future* (New York: W. W. Norton and Company, 2017), 123.

13. David Autor and David Dorn, "The Growth of Low-Skill Service Jobs and the Polarization of the US Labor Market," *American Economic Review* 103, no. 5 (2013): 1553-1597.

14. Autor and Dorn, "The Growth of Low-Skill Service Jobs and the Polarization of the US Labor Market," 1555.

15. David Dorn, "The Rise of the Machines: How Computers Have Changed Work," *UBS International Center of Economics in Society*, Public Paper # 4, December 16, 2015, 14, http://www.zora.uzh.ch/id/eprint/116935.

16. See Gordon's discussion of the features of delivery truck driving jobs that make them difficult to automate. He

suggests that driverless trucks are, at best, a very partial solution. For Gordon, the problem arises when the trucks arrive at the destinations of their deliveries. He observes, "it is remarkable in this late phase of the computer revolution that almost all placement of individual product cans, bottles, and tubes on retail shelves is achieved today by humans rather than robots. Driverless delivery trucks will not save labor unless work is reorganized so that unloading and placement of goods from the driverless trucks is taken over by workers at the destination location." (Gordon, *The Rise and Fall of American Growth*, Kindle loc. 11495).

17. David Dorn, "The Rise of the Machines: How Computers have Changed Work," *UBS International Center of Economics in Society*, Public Paper #4, December 16, 2015, 16, http://www.zora.uzh.ch/id/eprint/116935.

18. Marcus Wohlsen, "A Rare Peek Inside Amazon's Massive Wish-Fulfilling Machine," *Wired*, June 16, 2014, https://www.wired.com/2014/06/inside-amazon-warehouse.

19. Pedro Domingos, *The Master Algorithm: How the Quest for the Ultimate Learning Machine Will Remake Our World* (London: Allen Lane, 2015), 12.

20. Andrew McAfee and Erik Brynjolfsson, *Machine, Platform, Crowd: Harnessing Our Digital Future* (New

York: W. W. Norton and Company, 2017), 123.

21. Mark Zuckerberg, Facebook post, January 3, 2016, https://www.facebook.com/zuck/posts/10102577175875681.

22. For exploration of how the idea of moral insurance applies to some controversial claims of utilitarians, see Nicholas Agar, "How to Insure against Utilitarian Overconfidence," *Monash Bioethics Review* 32 (2014): 162-171.

23. Among modern authors who inclined to mock the sentiment expressed by the *Times* are Steven Levitt and Stephen Dubner, *SuperFreakonomics: Global Cooling, Patriotic Prostitutes, and Why Suicide Bombers Should Buy Life Insurance* (New York: William Morrow, 2009), introduction.

24. Ben Johnson, "The Great Horse Manure Crisis of 1894," *Historic UK*, http://www.historic-uk.com/HistoryUK/HistoryofBritain/Great-Horse-Manure-Crisis-of-1894.

25. This widely cited *Times of London* quote has an interesting history. See Rose Wild, "We Were Buried in Fake News as Long Ago as 1894," *Sunday Times*, January 13, 2018, https://www.thetimes.co.uk/article/we-were-buried-in-fake-news-as-long-ago-as-1894-ntr23ljd5.

第五章　机器人恋人和机器人服务员是否拥有真情实感？

1. See Nicholas Agar, "Let's Treat Robots Like Yo-Yo Ma's Cello-as an Instrument for Human Intelligence," *The Huffington Post*, September, 2015, https://www.huffingtonpost.com/nicholas-agar/robots-human-intelligence_b_8017704.html.

2. Daniel Wegner and Kurt Gray, *The Mind Club: Who Thinks, What Feels, and Why It Matters* (New York: Viking, 2016).

3. John Searle, "Minds, Brains, and Programs," *Behavioral and Brain Sciences* 3 (1980): 417-424.

4. David Chalmers, *The Conscious Mind: In Search of a Fundamental Theory* (Oxford: Oxford University Press, 1996) uses the logical possibility of zombies bereft of phenomenal consciousness to argue that consciousness is a partially nonphysical process.

5. Masahiro Mori, "The Uncanny Valley: The Original Essay," *IEEE Spectrum*, June 12, 2012, https://spectrum.ieee.org/automaton/robotics/humanoids/the-uncanny-valley.

6. Paul Clinton, "Review: 'Polar Express' a Creepy Ride; Technology Brilliant, but Where's the Heart and Soul?"

CNN Entertainment, November 10, 2004, http://edition.cnn.com/2004/SHOWBIZ/Movies/11/10/review.polar.express.

7. John Cacioppo and William Patrick, *Loneliness: Human Nature and the Need for Social Connection* (New York: W. W. Norton, 2008; Kindle).

8. Ibid., loc. 4119-4120.

9. Paul Seabright, *The Company of Strangers: A Natural History of Economic Life: Revised Edition* (Princeton: Princeton University Press, 2010).

10. Ibid., 4.

11. Ibid., 12.

12. Angela Bahns, Kate Pickett, and Christian Crandall, "Big Schools, Small Schools and Social Relationships," *Group Processes and Intergroup Relations* 15, no. 1 (2012): 119-131.

13. David Johnson and Roger Johnson, "Effects of Cooperative, Competitive, and Individualistic Learning Experiences on Cross-Ethnic Interaction and Friendships," *Journal of Social Psychology* 118, no. 1 (1982): 47-58.

14. Derek Thompson, "A World without Work," *The Atlantic*, July/August 2015, https://www.theatlantic.com/magazine/archive/2015/07/world-without-work/395294.

15. Andrew McAfee and Erik Brynjolfsson, *Machine*,

Platform, Crowd: Harnessing Our Digital Future (New York: W. W. Norton and Company, 2017).

16. Danny Lewis, "Reagan and Gorbachev Agreed to Pause the Cold War in Case of an Alien Invasion," *Smithsonian*, November 25, 2015, https://www.smithsonianmag.com/smart-news/reagan-and-gorbachev-agreed-pause-cold-war-case-alien-invasion-180957402/#TIMHr0J7ae5ZF2XR.99.

第六章 数字时代社会经济的特征

1. "What Fairtrade Does," Fairtrade, http://fairtrade.org.nz/en-nz/what-is-fairtrade/what-fairtrade-does.

2. Jeremy Rifkin, *The Zero Marginal Cost Society: The Internet of Things, the Collaborative Commons, and the Eclipse of Capitalism* (New York: Palgrave Macmillan, 2014).

3. See Geoffrey Parker, Marshall van Alstyne, and Sangeet Choudary, *Platform Revolution: How Networked Markets Are Transforming the Economy and How to Make Them Work for You* (New York, W. W. Norton and Co, 2016).

4. Antonio Garcia Martinez, *Chaos Monkeys: Obscene Fortune and Random Failure in Silicon Valley* (New York:

Harper Collins, 2016).

5. Milton Friedman, "The Social Responsibility of Business Is to Increase Its Profits," *New York Times Magazine*, September 13, 1970, 32-33, 122-124.

6. Lalithaa Krishnan, "The Mark of Exclusivity," *The Hindu*, March 1, 2012, http://www.thehindu.com/arts/crafts/the-mark-of-exclusivity/article2949576.ece.

7. Ed Rensi, "Thanks to 'Fight for $15' Minimum Wage, McDonald's Unveils Job-Replacing Self-Service Kiosks Nationwide," *Forbes*, November 29, 2016, https://www.forbes.com/sites/realspin/2016/11/29/thanks-to-fight-for-15-minimum-wage-mcdonalds-unveils-job-replacing-self-service-kiosks-nationwide.

8. Douglas Rushkoff describes digiphrenia—"the experience of trying to exist in more than one incarnation of yourself at the same time. There's your Twitter profile, there's your Facebook profile, there's your email inbox. And all of these sort of multiple instances of you are operating simultaneously and in parallel." People afflicted with digiphrenia can be located in many different places at once. Rushkoff observes that it's "not a really comfortable position for most human beings." Douglas Rushkoff, "In a World That's Always On, We Are Trapped in the 'Present,'" *All Things Considered*,

NPR, https://www.npr.org/2013/03/25/175056313/in-a-world-thats-always-on-we-are-trapped-in-the-present.

9. Sherry Turkle, *Reclaiming Conversation: The Power of Talk in the Digital Age* (New York: Penguin Books, 2015; Kindle), loc. 47.

10. Ibid., loc. 4.

11. Leslie Hook, "Amazon to Launch Checkout-free Offline Grocery Store," *Financial Times*, December 6, 2016, https://www.ft.com/content/88399c00-bb03-11e6-8b45-b8b81dd5d080.

12. "Pretty Woman," Wikiquote, https://en.wikiquote.org/wiki/Pretty_Woman.

13. Brad Stone, *The Upstarts: How Uber, Airbnb, and the Killer Companies of the New Silicon Valley Are Changing the World* (Boston: Little, Brown and Co.; 2017; Kindle), loc. 3656.

14. Quoted in Stone, *The Upstarts*, Kindle loc. 3663.

15. Fitz Tepper, "Uber Has Completed 2 Billion Rides," *Techcrunch*, July 18, 2016, https://techcrunch.com/2016/07/18/uber-has-completed-2-billion-rides.

16. Stone, *The Upstarts*.

17. Quoted in Stone, *The Upstarts*, Kindle loc. 4974.

18. Quoted in Stone, *The Upstarts*, Kindle loc. 4981.

19. Bethany McLean and Peter Elkind, *The Smartest Guys*

in the Room: The Amazing Rise and Scandalous Fall of Enron (New York: Portfolio Trade, 2004).

20. "What Are Airbnb Service Fees?," Airbnb, https://www.airbnb.co.nz/help/article/104/what-are-guest-service-fees.

21. Gemma Lavender, "Why Send People into Space When a Robotic Spacecraft Costs Less?," Space Answers, May 27, 2015, https://www.spaceanswers.com/space-exploration/why-send-people-into-space-when-a-robotic-spacecraft-costs-less.

22. "Apollo 11 Moon Landing: Ten Facts about Armstrong, Aldrin, and Collins' Mission," *Telegraph*, July 18, 2009, http://www.telegraph.co.uk/news/science/space/5852237/Apollo-11-Moon-landing-ten-facts-about-Armstrong-Aldrin-and-Collins-mission.html.

23. Michael Ryan, "A Ride in Space," *People*, June 20, 1983, http://people.com/archive/cover-story-a-ride-in-space-vol-19-no-24.

第七章　以温和的乐观心态畅想数字时代

1. See Evgeny Morozov, "Data Populists Must Seize Our Information—for the Benefit of Us All," *Guardian*, December 4, 2016, https://www.theguardian.com/commentisfree/

2016/dec/04/data-populists-must-seize-information-for-benefit-of-all-evgeny-morozov.

2. Jeremy Rifkin, *The Zero Marginal Cost Society: The Internet of Things, the Collaborative Commons, and the Eclipse of Capitalism* (New York: Palgrave Macmillan, 2014).

3. Paul Romer, "Conditional Optimism about Progress and Climate," https://paulromer.net/conditional-optimism-about-progress-and-climate.

4. Rifkin, *The Zero Marginal Cost Society*.

5. Ibid., 18.

6. Alvin Toffler, *The Third Wave: The Classic Study of Tomorrow* (New York: Bantam, 1980).

7. Tim Mullaney, "Jobs Fight: Haves vs. the Have-Nots," *USA Today*, September 16, 2012, http://usatoday30.usatoday.com/money/business/story/2012/09/16/jobs-fight-haves-vs-the-have-nots/57778406/1.

8. Andrew Keen, *The Internet Is Not the Answer* (London: Atlantic Books, Kindle), loc. 180.

9. For an account of the impressive powers of production the United States committed to the production of weapons, see A. J. Baime, *The Arsenal of Democracy: FDR, Detroit, and an Epic Quest to Arm an America at War* (New York: Mariner

Books, 2015).

10. Chris Anderson, *Makers: The New Industrial Revolution* (New York: Crown Business, 2012).

11. Jathan Sadowski, "Why Silicon Valley Is Embracing Universal Basic Income," *Guardian*, June 22, 2016, https://www.theguardian.com/technology/2016/jun/22/silicon-valley-universal-basic-income-y-combinator.

12. For book-length philosophical defenses, see Philippe Van Parijs, *Real Freedom for All: What (If Anything) Can Justify Capitalism?* (Oxford: Oxford University Press, 1997), and more recently, Mark Walker, *Free Money for All: A Basic Income Guarantee Solution for the Twenty-First Century* (Basingstoke, UK: Palgrave Macmillan, 2016).

13. Martin Ford, *Rise of the Robots: Technology and the Threat of a Jobless Future* (New York: Basic Books, 2015; Kindle), loc. 4231.

14. See Scott Santens, "A Future Without Jobs Does Not Equal a Future Without Work," *Huffington Post*, October 7, 2016, https://www.huffingtonpost.com/scott-santens/a-future-without-jobs-doe_b_8254836.html.

15. Van Parijs, *Real Freedom for All*.

16. Walker, *Free Money for All*.

17. Byron Reese, *Infinite Progress: How the Internet*

and Technology Will End Ignorance, Disease, Poverty, Hunger, *and War* (Austin, TX: Greenleaf Book Group Press, 2013), 102.

第八章 数字时代的新卢德运动

1. Most notably, E. P. Thompson, *The Making of the English Working Class* (London: Penguin, 1980; Kindle).

2. Mark Zuckerberg, "Building a Global Community," Facebook, https://www.facebook.com/notes/mark-zuckerberg/building-global-community/10103508221158471/?pnref=story.

3. Brian Solomon, "Airbnb Raising More Cash at $30 Billion Valuation," *Forbes*, September 22, 2016, https://www.forbes.com/sites/briansolomon/2016/09/22/airbnb-fundraising-850-million-30-billion-valuation.

4. Kevin Montgomery, "Airbnb Thinks It Should Win the Nobel Peace Prize," *Valleywag*, November 21, 2014, http://valleywag.gawker.com/airbnb-thinks-it-should-win-the-nobel-peace-prize-1661900628.

5. Andrew Sorkin, "The Mystery of Steve Jobs's Public Giving," *New York Times*, August 29, 2011, https://dealbook.nytimes.com/2011/08/29/the-mystery-of-steve-jobss-public-giving.

6. Jason Snell, "Steve Jobs: Making a Dent in the Universe," *Macworld*, October 6, 2011, https://www.macworld.com/article/1162827/macs/steve-jobs-making-a-dent-in-the-universe.html.

7. Observer Editorial, "The Observer View on Mark Zuckerberg," *Observer*, February 19, 2017, https://www.theguardian.com/commentisfree/2017/feb/19/the-observer-view-on-mark-zuckerberg.

8. Brad Stone, *The Everything Store: Jeff Bezos and the Age of Amazon* (New York, Little, Brown, and Company, 2013).

9. See Evgeny Morozov, "Data Populists Must Seize Our Information," *Guardian*, December 4, 2016, https://www.theguardian.com/commentisfree/2016/dec/04/data-populists-must-seize-information-for-benefit-of-all-evgeny-morozov.

10. Amanda Schaffer, "Tech's Enduring Great-Man Myth," *MIT Technology Review*, August 4, 2015, https://www.technologyreview.com/s/539861/techs-enduring-great-man-myth.

11. Mary Aiken, *The Cyber Effect: A Pioneering Cyberpsychologist Explains How Human Behavior Changes Online* (New York, Random House, 2014; Kindle 2014), loc. 2308.

12. Milton Friedman, "The Social Responsibility of Business Is to Increase Its Profits," *New York Times Magazine*, September 13, 1970, 32-33, 122-124.

13. Theodore Schleifer, "Uber's Latest Valuation: $72 Billion," *Recode*, February 9, 2018, https://www.recode.net/2018/2/9/16996834/uber-latest-valuation-72-billion-waymo-lawsuit-settlement.

14. Robert Reich, "The Share-the-Scraps Economy," *Huffington Post*, February 2, 2015, https://www.huffingtonpost.com/robert-reich/the-sharethescraps-econom_b_6597992.html.

15. This seems to be one union response to Uber. See "We Are Uber, Lyft, Juno, Via Workers United for a Fair Industry," Independent Drivers Guild, https://drivingguild.org.

16. Maya Kosoff, "Everything You Need to Know about *The Fountainhead*, a Book That Inspires Uber's Billionaire CEO Travis Kalanick," *Business Insider*, June 1, 2015, http://www.businessinsider.com.au/how-ayn-rand-inspired-uber-ceo-travis-kalanick-2015-6.

17. Quoted in Brad Stone, *The Upstarts: How Uber, Airbnb, and the Killer Companies of the New Silicon Valley Are Changing the World* (Boston: Little, Brown and Co.,

2017; Kindle), loc. 3663.

第九章 缔造极致人性化的数字时代

1. John Cacioppo and William Patrick, *Loneliness: Human Nature and the Need for Social Connection* (New York: W. W. Norton, 2008).

2. Paul Seabright, *The Company of Strangers: A Natural History of Economic Life*, Revised Edition (Princeton, NJ: Princeton University Press, 2010), 4.

3. Julie Miller, "Matt Damon May Have Made $1 Million per Line in *Jason Bourne*," *Vanity Fair*, July 18, 2016, https://www.vanityfair.com/hollywood/2016/07/matt-damon-jason-bourne-pay.